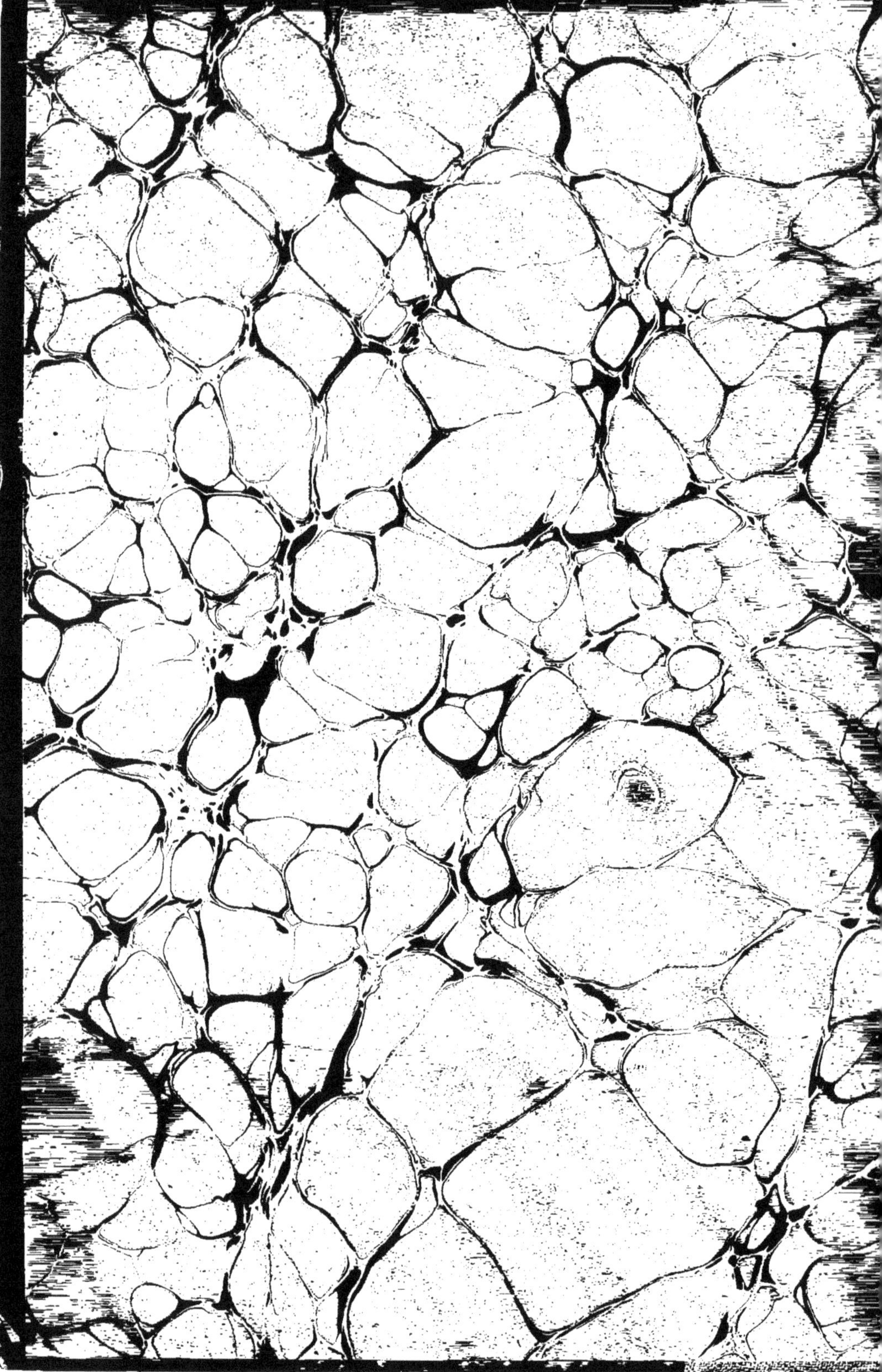

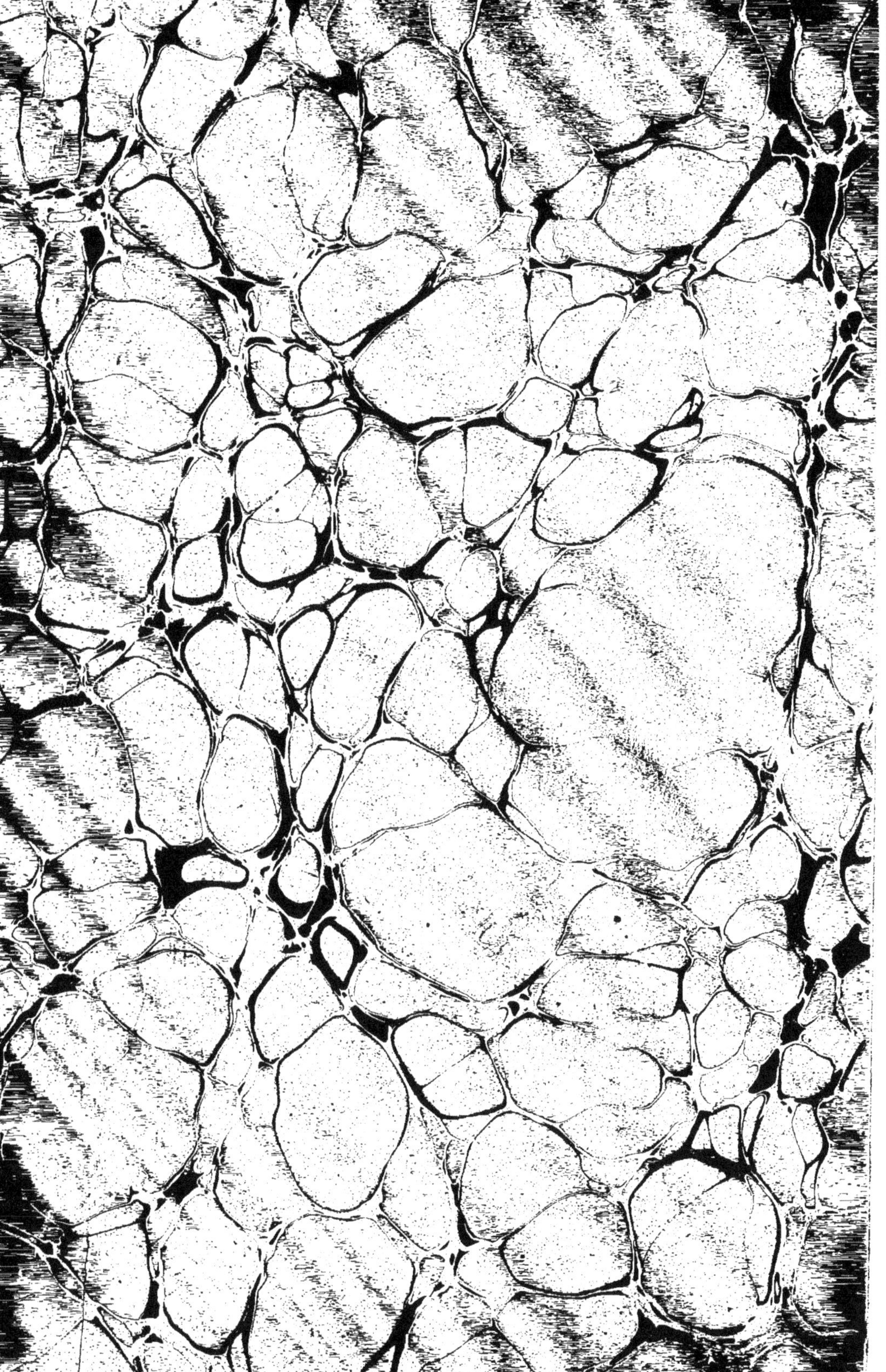

MÉMOIRES

SUR LES

LÉPIDOPTÈRES

RÉDIGÉS

par

N. M. ROMANOFF.

Tome I.

Avec 10 planches coloriées et une carte.

ST.-PÉTERSBOURG.
Imprimerie de M. M. Stassulévitch, Was. Ostr., 2 lin., 7.
1884

MÉMOIRES SUR LES LÉPIDOPTÈRES.

MÉMOIRES

SUR LES

LÉPIDOPTÈRES

RÉDIGÉS

par

N. M. ROMANOFF.

Tome I.

Avec 10 planches coloriées et une carte.

ST.-PÉTERSBOURG.
Imprimerie de M. M. Stassuléwitch, Was. Ostr., 2 lin., 7.
1884

[914]

AVANT-PROPOS.

Nous avions d'abord l'idée de publier un travail séparé sur les lépidoptères du Caucase; mais comme, grâce aux voyages des MM. Christoph, Leder, Mlokossévitch et autres, notre collection des papillons du Caucase s'enrichit chaque année considérablement et que les explorations des entomologues dans les autres parages de notre vaste patrie nous fournissent en même temps les plus précieux matériaux lépidoptérologiques, nous nous sommes décidés de changer notre programme et de publier annuellement des „*Mémoires*", qui seront consacrés spécialement à l'étude des papillons et qui paraîtront au fur et à mesure que nous obtiendrons les données nécessaires.

Nous n'avons point l'intention d'exclure de notre ouvrage les publications sur la faune des autres parties du monde; néanmoins le but principal des „*Mémoires*" sera de réunir autant que possible les travaux sur la faune lépidoptérologique de l'Empire Russe et des pays limitrophes, qui jusqu'à présent se publient dans les divers journaux entomologiques.

TABLE DES MATIÈRES

du

Premier volume.

---

1. **Romanoff**, N. M.—Les Lépidoptères de la Transcaucasie. Première partie (Pl. I—V) . . . . . . 1— 92
2. **Christoph**, H. — Lepidoptera aus dem Achal-Tekke-Gebiete. Erster Theil (Pl. VI—VIII) . . . . . 93—138
3. **Staudinger**, Dr. O.—Beitrag zur Kenntniss der Lepidopteren-Fauna des Achal-Tekke-Gebiets (Pl. IX). 139—154
4. **Snellen**, P. C. T.—Un nouveau genre des Pyralides (Pl. X.) . . . . 155—161
5. **Grumm-Grshimaïlo**, G.- Lepidopterologische Mittheilungen . . . . 162 - 173
6. Table alphabétique des noms de genres, d'espèces, de variétés et d'aberrations, mentionnés dans ce volume. 174—181

LES LEPIDOPTÈRES

DE LA

TRANSCAUCASIE

PAR

N. M. ROMANOFF.

(Planches I, II, III, IV et V).

Première partie.

C'est sous le ciel sombre de St.-Pétersbourg que je commence l'ouvrage suivant sur les papillons originaires de la Transcaucasie, de ce pays lointain et riant où j'ai passé dix-huit ans de ma tendre jeunesse. De bien agréables réminiscences se rattachent à chacun d'eux et me transportent dans les localités, où ces petits insectes ailés devenaient la proie du filet de l'amateur.

Nous avons déjà sur les lépidoptères du Caucase différents écrits, parus à époques diverses et dont les auteurs sont Alphéraky [1]), Nordmann [2]), Kolenati [3]), Lederer [4]), Bec-

[1]) Alphéraky, Serg.—Lepidoptera Caucasi Septentrionalis (Troudy Soc. Ent. Ross. T. X, pag. 3—34).

[2]) Nordmann, Dr. Alex. v.—Die im Gebiete der Fauna Taurico-Caucasica beobachteten Schmetterlinge (Bulletin de Moscou. 1851. T. 24. p. 395—428).

[3]) Kolenati, Friedr. A.—Insecta Caucasi. (Meletemata entomologica. Fasc. V. Petropoli. 1846).

[4]) Lederer, Jul.—Zur Lepidopteren-Fauna von Imeretien und Grusien. (Wien. Entomol. Monatschr. Bd. VIII. 1864. pag. 165-172).

Lederer, Jul.—Contributions à la faune des lépidoptères de la Transcaucasie. (Annal. d. l. Soc. Ent. de Belgique. T. XIII. pg. 17—54).

ker [1]), v. Emich [2]), Ménétriés [3]), Staudinger [4]), Hedemann [5]) et Christoph [6]). Mais la plupart de ces naturalistes n'ont fait que parcourir certaines localités et, sauf Christoph, aucun n'a eu l'occasion de faire des recherches plus assidues.

Plusieurs de ces messieurs, comme Kolenati, Lederer et Becker nous ont fourni des données assez erronées et que nous avons été à même de vérifier sur les lieux. C'est surtout dans l'ouvrage de J. Lederer que sont indiqués à faux les endroits où tel ou tel papillon devait se trouver. Certes, la grande partie des erreurs doit reposer sur le manque d'attention de son collectionneur Haberhauer.

En vue de tout ceci, je me suis décidé à donner quelque chose de plus complet sur la faune lépidoptérologique du pays,

---

[1]) Becker, Al.—Reise nach Derbent (Bull. Moscou. 1869. pag. 171—199). Reise nach Temir Chan Schora und Derbent (Bull. Moscou. 1871. pag. 290—302).—Reise nach Baku, Lenkoran, Derbent, Madschalis, Kasumkent, Achty (Bull. Moscou. 1873. pag. 229—258).—Reise nach dem Magi-Dagh, Schalbus-Dagh und Basardjusi (Bull. Moscou. 1875. № 2. pag. 116—138).—Reise nach Krasnowodsk und Daghestan (Bull. Moscou. 1878. pag. 109—126).—Reise nach dem südlichen Daghestan (Bull. Moscou. 1881. pag. 189—208).

[2]) Emich, G. v.—Beitrag zur Lepidopteren-Fauna Transcaucasiens und Beschreibung zwei neuer Arten (Horae Soc. Ent. Ross. IX, pag. 40—44).

[3]) Ménétriés, E.—Catalogue raisonné des objets de Zoologie recueillis dans un voyage au Caucase et jusqu'aux frontières actuelles de la Perse. St.-Pétersbourg. 1832.

Ménétriés, E.—Sur les lépidoptères de Lenkoran et de Talyche (Bullet. phys. Acad. St.-Pétersbourg. 1858. T. 17. pag. 313—316).

Ménétriés, E.—Enumeratio corporum animalium Musei Imp. Acad. Scient. Petropolitanae. Pars I—III. Petrop. 1855—1863.

[4]) Staudinger, Dr. O.—Lepidopteren-Fauna Klein-Asiens (Horae Soc. Ent. Ross. T. XIV, pag. 176—482; T. XV, pag. 159—435; T. XVI, pag. 65—135)

[5]) Hedemann, W. v.—Beitrag zur Kenntniss der Lepidopteren-Fauna Transcaucasiens (Horae Soc. Ent. Ross. T. XII, pag. 153—157).

[6]) Christoph, H.—Weiterer Beitrag zum Verzeichnisse der in Nord-Persien einheimischen Schmetterlinge (Horae Soc. Ent. Ross. T. X, pag. 3—55).

Christoph, H. — Sammelergebnisse aus Nord-Persien, Krasnowodsk, Turkmenien und dem Daghestan (Horae S. E. R. T. XII, pag. 181—299).

Christoph, H.—Correspondance (Bull. Moscou. 1880. pag. 398—402).

Christoph, H.—Einige neue Lepidoptera aus Russisch-Armenien (Horae Soc. Ent. Ross. T. XVII, pag. 104—122).

en indiquant avec le plus de précision possible l'époque du vol de l'insecte et le lieu où on l'a trouvé.

La plupart des espèces, dont je ferai mention dans mon travail, font maintenant partie de ma collection; le reste est éparpillé dans celles de MM. Staudinger, Christoph, Erschoff, Fixsen et Hedemann.

A partir de l'année 1870 ma collection s'est enrichie, grâce aux recherches de MM. Sievers, Mlokossévitsch, Becker, Hedemann et surtout à celles de M. Christoph.

Après avoir visité le Daghestan et les environs de Lenkoran en 1870, M. Christoph fit en 1880 des collections à Borjom, dans l'Adjarie et en partie dans les districts de Soukhoum et de Batoum. En 1881 il consacra tout l'été à des recherches dans les environs de Schoucha et d'Ordoubad, ainsi que sur les bords septentrionaux du lac de Goktcha (à Istidara). En 1882 cet infatigable lépidoptérologue passa une partie de l'été dans les steppes du Tekké (Askhabad, Geok-Tépé, Noukhour) à l'Est de la mer Caspienne et les mois de Juillet et d'Août aux environs d'Igdir et à Kasikoparan. En 1883, dès le commencement du printemps, il reprit ses recherches aux environs d'Ordoubad et dans la partie méridionale du Karabagh et passa la seconde moitié de l'été à Kasikoparan et à Bakouriani.

Le docteur G. Sievers a été au printemps de l'année 1870 à Lenkoran et à Krasnowodsk, en 1871 dans le Karabagh, aux bords du Goktcha et sur l'Ararat et l'Alaghez. Depuis 1875 ses recherches ne se sont pas étendues au-delà de Borjom, de Manglis (à 45 kilom. à l'ouest de Tiflis) et surtout de Tiflis, qu'il ne quitta qu'en 1881.

M. Mlokossévitch réside depuis des années à Lagodekhi, d'où il m'envoie annuellement bon nombre de papillons. En 1879 il parcourut une partie du Daghestan et des gouvernements d'Elisabethpol et d'Erivan.

M. Hedemann, dont j'ai acquis tout récemment la collection, séjourna un an et demi à Manglis, où il fit des recherches surtout sur les géométrides et les microlépidoptères.

Outre Christoph et Becker, les environs de Derbent ont été explorés par le lieutenant-général Alex. Komaroff, dont les recherches nous furent plus tard d'une grande utilité.

Enfin moi-même je consacrai pendant plus de dix ans mes moments de loisir à collectionner à Tiflis et notamment à Borjom et dans ses environs. C'est ainsi que peu à peu j'ai rassemblé des données, que je compte publier à présent, mais qui seront encore longtemps incomplètes, vu la grande étendue du pays et le manque absolu d'explorateurs. Je m'occuperai spécialement de la Transcaucasie, car sauf les environs de Piatigorsk, dont S. Alphéraky nous a fait connaître la faune, le Caucase septentrional est fort peu exploré au point de vue lépidoptérologique.

Je me suis fait un devoir d'ajouter une carte géographique à mon ouvrage, parce que je trouve, qu'il n'est pas sans intérêt de se rendre compte d'une manière plus précise des lieux où les recherches ont été faites. C'est ainsi, qu'en lisant l'intéressant travail de Staudinger sur les papillons de l'Asie mineure et de la Syrie, il est regrettable de ne pas pouvoir suivre l'auteur dans ses tournées.

Quant aux dessins des insectes, je tâche de les donner aussi exacts que possible [1]). Sachant bien, que les descriptions seules ne nous éclairent que fort insuffisamment, j'annexerai les figures de toutes les espèces, qui ont été décrites jadis, mais dont les dessins n'existent guère, ou bien sont mal exécutés.

---

[1]) Les dessins des papillons représentés sur les planches I—IX ont été exécutés par notre habile artiste M. Lang; lui aussi s'est chargé du coloriage des planches V—X et d'une partie des planches I et II.

Les planches I—IV ont été gravées par M. Debray à Paris, tandis que nous devons les 6 dernières planches au burin de M. de Castelli à St.-Pétersbourg.

Je ferai précéder le catalogue détaillé des lépidoptères de la Transcaucasie d'un aperçu physico-géographique de toute la contrée, emprunté en grande partie à la plume habile de M. le docteur G. Radde et commencerai par faire connaître les traits distinctifs du Caucase sous le rapport orographique. Les dénominations de „Grand Caucase" et de „Petit ou Anti-Caucase" en sont la meilleure explication. Parallèle à la grande chaîne des montagnes, habituellement nommée „le Caucase", s'étend au midi une autre chaîne de montagnes, partant de Trébizonde et se perdant au Sud-Est dans les plaines voisines de la mer Caspienne. Cette chaîne, connue sous le nom de „Petit- ou Anti-Caucase", sert au plateau central de l'Asie mineure de frontière septentrionale fortement accusée. En conservant sur une étendue d'à peu près 150 lieues géographiques une direction moyenne d'environ 28° du N. O. au S. E., la chaîne gigantesque du Grand Caucase termine abruptement les steppes du midi de la Russie. Prenant presque imperceptiblement son origine auprès du cours inférieur du Kouban, non loin de l'embouchure de ce fleuve, cette chaîne descend vers la mer Noire par ses versants occidentaux, stériles, argileux et sillonnés par la pluie; grandissant néanmoins au fur et à mesure qu'elle s'approche de la mer Caspienne, elle augmente toujours de hauteur sur une largeur relativement peu considérable et offre dans ses parties centrales des cols étroits de 8 à 10,000 p. au-dessus du niveau de la mer. Ce n'est que plus loin vers l'Est, que l'embranchement principal du Grand Caucase commence à s'élargir dans la direction septentrionale. On n'arrive à cet endroit, qu'après avoir dépassé le pays des Souanètes et des Ossètes dans les régions supérieures des montagnes et en mettant le pied sur le territoire des Touches et des Chefsures, tribus chrétiennes fort intéressantes, mais revenues à l'état sauvage.

Arrivés au sommet du Mont Barbalo, qui n'a que 11,500 p. de hauteur, nous atteignons un point très-remarquable sous le rapport hydrographique. C'est un noeud de montagnes, servant de point de départ à quatre grands fleuves, qui se dirigent dans quatre directions différentes; aussi le Mont Barbalo est-il unique dans son genre au Caucase. C'est ici, que prennent leurs sources les quatres fleuves suivants: l'Argoun, affluent du Térek au Nord, à l'Est l'Alazau des Touches, s'écoulant vers le Koïssou et le Soulak; au Sud—l'Alazan de Kakhétie et à l'Ouest l'Aragva des Pchaves; ces deux derniers se dirigent vers le Kour. A l'Est du sommet de Barbalo, l'oeil embrasse le vaste plateau montagneux du Daghestan, au premier plan duquel le massif de Bogos attire principalement l'attention. C'est au Nord que la chaîne atteint son plus grand développement et que les embranchements multiples et majestueux du Daghestan présentent l'aspect le plus imposant. Du Sud la chaîne présente, au contraire, une pente très-rapide, de plus en plus accentuée à mesure qu'elle avance vers l'Est.

Les nombreuses sources de l'Alazan de la Kakhétie et de la Jora sont disposées en ligne perpendiculaire sur l'axe de soulèvement du Grand Caucase; le long du cours inférieur de l'Alazan s'élèvent des rameaux intermédiaires qui impriment au courant une direction parallèle à celle de la vallée principale du Kour; mais tout cela cesse à mesure que nous avançons vers l'orient. Dès le district de Zakatal et plus encore à l'Est, dans celui de Noukha, le Grand Caucase s'abaisse en pentes escarpées vers les profondeurs, envoyant au Kour le tribut de ses eaux par des crevasses ou rigoles nombreuses et étroites. On chercherait vainement ici des soulèvements, dirigés de l'Est à l'Ouest, tels que nous les trouvons très-nettement accusés dans les trois hautes vallées longitudinales de la Colchide. Plus loin, au-delà de Schemakha, les montagnes conservent le même caractère, en s'abaissant de plus en plus;

finalement les arêtes stériles, argileuses et creusées par les eaux, atteignent la mer Caspienne et se plongent dans ses flots.

Le versant septentrionale du Grand Caucase nous présente un fait géologique très-remarquable: les puissants foyers volcaniques, qui produisaient jadis des éruptions et des soulèvements de terrain, ne forment pas une partie intégrale de la chaîne, mais se dressent en cônes isolés du côté septentrional. L'Elbrous (18,435 p.), le Kasbek (16,546 p.), le Teboulos-Mta (14,781 p.), et, plus loins vers l'Est, le Shahdagh (13,951 p.), le dernier de ces géants,—en fournissent une preuve convaincante. La force volcanique s'est manifestée de même par des éruptions dans le Beschtau, petit groupe isolé, se composant de 10 cônes de porphyre trachytique et se trouvant dans la plaine, qui s'étend au Nord de l'Elbrous.

Comme nous l'avons déjà dit, la plupart des vallées de la pente méridionale du Grand Caucase ne sont que d'étroites et courtes gorges transversales, profondément creusé s dans les flancs des montagnes très-escarpées. Le grand Aragva, recevant ses eaux des cimes neigeuses, situées sur le versant méridional de la chaîne, au même méridien que le Kasbek, prend, à partir de Mleti, la direction du Nord au Sud, en formant une vallée, tant soit peu élargie, d'à peine 10 lieues de longueur et s'unissant près de Mzkhet au Kour, qui s'y précipite du côté de l'Ouest. Les deux principaux affluents du Kour à l'Ouest de l'Aragva, le Ksan et la Liakhva, ont le même caractère.

Ce n'est qu'à partir du grand Adaï-Khogh et du Sikara, situé au Sud, non loin du premier, mais tant soit peu inférieur en hauteur, que les conditions oro- et hydrographiques changent du côté occidental. Ici la chaîne principale s'unit à une autre grande chaîne, qui s'étend le long du méridien; elle porte le nom de „Montagnes de Meskhi", déjà connues dans les temps les plus reculés, et forme, non-seulement l'unique point de jonction entre le Grand et le Petit Caucase, mais sert encore de ligne de partage des eaux entre le bassin du Kour et celui du Rion; il faut en outre les considérer comme une frontière climatérique, à l'Ouest de laquelle s'étend la Colchide, remarquable par son humidité, et à l'Est les rives fertiles du courant central du Kour. Malgré la hauteur relativement peu considérable de cette chaîne, qui ne s'élève qu'à 3027 p. au col de Souram, elle a servi aux habitants du pays de limite ethnographique, car ceux qui habitent à l'Ouest de ces montagnes s'appellent Iméréthiens ou Mingréliens et ceux qui se trouvent à l'Est—Géorgiens.

Les montagnes de Meskhi se relient au Petit Caucase par un embranchement, s'avançant en saillie vers le Nord et parallèle aux contreforts des montagnes de l'Arménie; cet embranchement se détache des montagnes de l'Adjarie, non loin des sources orientales du Tchorok et s'appelle „chaîne Akhaltzikho-Iméréthienne". Les sommets en sont légèrement arrondis; ils dépassent la zone des arbres et touchent à celle de la végétation subalpine. Ce n'est que la vallée étroite du Kour, qui sépare les versants méridionaux de la chaîne Akhaltsikho-Iméréthienne des premiers contreforts des montagnes de l'Arménie, qui à l'entrée de la vaste plaine de Souram prennent le nom de Trialéthi. A quatre lieues de l'endroit, où le Kour entre dans la plaine de Souram, est situé Borjom, domaine du Grand Duc Michel Nicolaévitch.

Pour en revenir au Grand Caucase, au Mont Adaï-Khogh et au gigantesque sommet tout couvert de glaciers, qui l'avoisine, jetons un regard vers l'occident et tenons compte des conditions orographiques de la contrée. C'est ici, presque au milieu entre les deux géants,—l'Elbrous et le Kasbek,—que les glaciers atteignent leur plus grand développement. Cet amas de glaces éternelles frappent nos regards à partir des sources du Rion sur l'Edemis-Mta ou montagnes du Paradis, puis dans le demi-cercle, qu'elles forment autour des sources bifurquées du Tskhenis-tskhali (Hippos), dans le Lapouri et le Sescho et enfin à l'origine de l'Ingour, dans les montagnes de Nouamquouam. Parfois ces glaciers descendent assez avant dans les vallées, touchant à la zone des arbres, dans le Lapouri, par exemple; sur les montagnes du Nouamquouam, à une hauteur de 7200 p. ils n'empêchent pas aux Souanètes sauvages du village de Jibiani la culture de leurs champs d'orge, quelque peu productive qu'elle puisse être.

La zone de glace, dont nous venons de préciser les limites, constitue à un certain point le nœud allongé, auquel se relient les soulèvements, dirigés de l'Ouest à l'Est, formant par là les trois hautes vallées longitudinales des trois fleuves déjà cités. L'arête étroite qui sépare le lit de l'Ingour de celui du Tskhenis-tskhali, qui lui est parallèle, est encore d'une hauteur imposante. Elle sépare en outre la Souanétie libre de celle des Dadians; le col de Latpari de 7800 p. d'élévation est le passage le plus praticable qui existe dans ces montagnes. Plus loin, au midi, une seconde chaîne parallèle sépare le district de Radcha (Rion supérieur) de l'Hippos. On a beau regarder de tous côtés,—on ne voit que des chaînes de montagnes à pics, reliées entre elles par des ramifications latérales, ayant toutes le caractère du Grand Caucase; ces montagnes sont constituées pour la plupart par des couches fortement redressées de schistes argileux. Ce n'est que sur les hauteurs de la chaîne principale, surtout sur le versant nord, qu'on rencontre le granit riche en feldspath. Vers l'Ouest une chaîne plus avancée, dont la façade est constituée par des couches de formation jurassique et crétacée, riches en fossiles, intercepte le cours des trois fleuves, qui viennent se briser contre les rochers. Les obstacles qu'ils ont à vaincre commencent à la base orientale de ces montagnes, à travers lesquelles ils se sont tous les trois creusé d'étroits sillons en ligne méridionale, pour déboucher dans le pays plat de la Colchide par les points suivants: le Rion près de Koutaïs, l'Hippos près de Souchtchi et l'Ingour près de Djivari. La vallée du Kodor dans l'Abkhasie est encore plus escarpée que celle de l'Ingour. Le Bsib et la Msimta se trouvent à peu près dans les mêmes conditions; mais à mesure que la chaîne principale du Caucase se rapproche de la mer, elle déverse les eaux, qui sillonnent ses pentes, dans d'étroits ravins, situés presque perpendiculairement sur l'axe des montagnes.

Je fais suivre cette caractéristique du Grand Caucase de celle du Petit ou Anti-Caucase. Sous le rapport de la configuration générale et des conditions hydrographiques comme sous celui du climat et des produits naturels, le Petit Caucase et le haut plateau, situé au Sud de cette chaîne, offrent un contraste frappant avec le Grand Caucase et les vallées de son versant méridional. A l'Ouest de Trébizonde les montagnes pontiques émergent presque insensiblement des ondes du Pont-Euxin; en augmentant graduellement de hauteur et de largeur, elles forment un vaste demi-cercle autour des sources bifurquées du Tchorok. Un peu plus loin, après un brusque revirement vers le nord, elles entourent dans le haut Arsian les nombreuses sources orientales du Tchorok et se dirigent après cela avec leurs ramifications principales vers le S. E., parallèlement au Grand Caucase. De l'Ouest la chaîne de l'Arsian se précipite en pentes raides vers le midi, jusqu'au cours supérieur du Frat, qui présente à une hauteur moyenne de 6300 p. une grande plaine de forme oblongue et très-fertile, dans l'angle orientale de laquelle est situé l'ancien Erzeroum. Du côté septentrional des chaînes plus avancées et très-boisées descendent peu à peu vers la mer; elles portent, dans la juste acception du mot, le nom de chaîne littorale du Pont-Euxin. Mais ici le caractère de ces montagnes change. Vers le Nord la chaîne se partage par le mont Nepiskharo, qui a une hauteur de 9500 p.; cette ramification prend le nom de chaîne Akhalzikho-Imérétihenne, l'autre embranchement méridional, s'étendant vers l'Est, détermine la direction du Koblian- et du Poskhow-tchai et se prolonge ensuite sans interruption vers le S. E., longeant ou constituant en quelque sorte la rive droite du Kour; puis s'en éloignant graduellement et abandonnant à ce fleuve, qui se dirige vers l'Est, de larges grèves, semblables à des steppes. La hauteur de cet embranchement varie entre 6—7000 p.; des sources nombreuses s'en échappent, arrosant le versant septentrional de la montagne; mais on y chercherait vainement des glaciers ou d'autres réservoirs d'eaux intarissables; les dernières traces de neige disparaissent ordinairement de sa crête uniforme vers le mois de Juin. Ce n'est que bien plus loin vers l'Est, après un parcours de 60 lieues géographiques, que ces montagnes commencent à s'abaisser; mais, avant de subir cette transformation, elle s'élèvent aux sources du fleuve Schamkhor en massif gigantesque, dont le point culminant, situé dans la partie méridionale du mont, atteint une hauteur de 13,000 p. sous le nom de Kapoudjik. Ce massif se prolonge sans interruption jusqu'à l'Araxe, arrose du côté de l'Orient les fertiles campagnes du Karabagh, tandis que les pentes occidentales de la montagne sont tournées vers l'Ararat et l'Alaghez. Plus loin l'énorme chaîne des montagnes du Petit ou Anti-Caucase s'abaisse peu à peu vers l'Est jusqu'aux steppes du courant inférieur du Kour et de l'Araxe, se perdant entièrement dans l'extrémité orientale du Mougan. Le mont Savalan, haut de 14,800 p., lui tend, pour ainsi dire, la main par ses embranchements septentrionaux les plus avancés; à ces derniers se rattachent les rameaux septentrionaux et occidentaux des montagnes persanes de l'Elbours, dont la partie la plus septentrionale appartient à la Russie.

Le haut plateau, situé au Sud des montagnes, que nous

venons de décrire, a un caractère essentiellement volcanique, qui se prononce le plus nettement dans la partie centrale. Faisant l'effet d'être superposés sur les plaines, parfois isolés, parfois réunis en groupes, se dressent des volcans de forme conique et régulière; ils sont tous éteints actuellement. Dans le Grand Ararat ces volcans atteignent la hauteur considérable de 16,906 p., tandis que le mont Alaghez ou „Oeil de Dieu", situé vis-à-vis, n'a guère qu'une altitude de 13,500 p.

Les plateaux de l'Arménie présentent dans leur configuration générale de tout aussi grands contrastes sous le rapport orographique et géologique, que ceux que nous avons signalés en parlant du Grand Caucase. Arrivé au plateau, le voyageur peut continuer sa marche d'un pas ferme et jouir amplement des beautés, qui se déroulent devant lui. Ici, à une hauteur de 6—7000 p. au-dessus du niveau de la mer, sous un ciel presque toujours serein et dans une atmosphère claire et transparente, les contours du pays environnant se dessinent à l'horizon avec une netteté surprenante et les effets de lumière y ont souvent un charme magique. Quiconque aura jamais parcouru la route, conduisant au mont Ararat pendant la belle saison, c'est-à-dire au mois de Septembre ou d'Octobre, sera convaincu de la vérité de nos paroles. Parti du côté du Nord, après avoir traversé la riante vallée d'Akstafa, munie d'une bonne chaussée, qui monte graduellement vers le midi, il arrivera au sommet situé à 7124 p. et y sera doublement surpris en apercevant devant lui la nappe azurée du grand lac de Goktcha, limité à l'Est par la chaîne du Karabagh. C'est un tableau grandiose et unique dans son genre, puisque le niveau du lac Goktcha se trouve à une hauteur de 6346 p. au-dessus de la mer et occupe une surface de presque 25 lieues carrées. Les contours du Grand Ararat, situé plus au midi, se dérobent encore aux regards du voyageur. Ce n'est que plus loin, à la station d'Akhty, que le sommet de glace de ce géant surgit à l'horizon; à mesure que le voyageur avance sur la route d'Erivan, le tableau, qui se déroule devant lui, devient de plus en plus imposant. Le regard ébloui est rivé à l'un des plus beaux panoramas, qui se puissent imaginer.

Je ne saurais m'empêcher de revenir encore une fois au lac Goktcha et de dire à cette occasion quelques mots sur le caractère hydrographique des plateaux de la Transcaucasie. Sous ce rapport, comme sous beaucoup d'autres, ils offrent un contraste frappant avec le Grand Caucase. Des lacs d'eau douce, situés à une hauteur de 6000 – 7300 p. au-dessus de la mer, en constituent le trait distinctif; parmi ces lacs il y en a qui n'ont pas d'écoulement du tout; mais la plupart d'entre eux sont tributaires de l'Araxe. A l'Ouest de l'Ararat, à une hauteur de 7340 p., se trouve le lac le plus élevé de ces parages – le Balyk-goel, dont la rive méridionale est bordée de montagnes trachytiques peu élevées, qui séparent le Mourad-tchai (affluent de l'Euphrate) du bassin de l'Araxe, dans lequel il déverse lui-même ses eaux. Loin de là, au Nord, le Goktcha ou Sevanga, dont il a déjà été question, commence une série de lacs alpins, tous moins grands que lui, qui s'étendent de l'Est au Nord et à l'Ouest: tels sont les lacs de Toporavan, Tchaldyr, Khosapinsk, Tabizkhouri etc.

Les fleuves du Petit Caucase présentent un contraste frappant avec ceux du Grand Caucase. Dans ce dernier les glaces éternelles des cimes, semblables à d'intarissables réservoirs, alimentent les eaux des sources, dont plusieurs, en vrais ruisseaux de glaciers, se fraient un passage sous les voûtes bleuâtres des glaçons, dont elles émanent; puis elles se précipitent impétueusement dans les vallées inférieures; pendant les crues de l'été elle présentent des obstacles infranchissables, changeant souvent de lit dans leur courant inférieur et ne devenant moins impétueuses que lorsque les eaux finissent par se réunir dans la vallée principale. Tels sont le Rion, le Kouban et le Térek. Il en est tout autrement du Kour. De quel côté que nous envisagions ses deux principales sources, que ce soit au Sud d'Ardaghan (où l'une d'elles porte le nom de Marschan-sou, c. à d. source de perles) ou à l'Ouest, au pied du Taurus septentrional (où la seconde est appelée Gueulu)— les deux sources ont de la peine à s'épandre. Le grand filet d'eau froide et limpide, qu'on nomme Marschan-sou, sort d'un tuf volcanique rouge et se fraie péniblement un passage à travers la plaine occidentale, située presque au même niveau que lui; il roule lentement; des Cypéracées, qui grandissent sur un sol marécageux, l'entourent et lui communiquent une teinte d'un vert sombre. La même chose se répète pour les eaux réunies de Gueulu. Ce n'est qu'aux portes de la ville d'Ardaghan, que les deux courants réunis commencent à percer la chaîne des montagnes; une lave dure et vitreuse entrave de beaucoup leurs efforts.

Nous joignons à cette ébauche de la configuration générale du Caucase un tableau, destiné à donner l'aperçu de la hauteur, de la situation et de la température de diverses localités, et nous nous flattons de l'espoir, que plus d'un lecteur nous saura gré de ce travail. Il nous semble néanmoins que, dans l'intérêt même de cette introduction, il nous faudrait encore jeter un coup d'oeil rapide sur la Transcaucasie et en tracer l'aspect général, tout en ayant soin de mentionner autant que possible les lois météorologiques, dont elle subit l'influence.

Dans ses lectures publiques sur le Caucase M. le dr. G. Radde a donné une description instructive de cette route en suivant le méridien 62° 20'. Je m'abstiendrai de parler du Caucase septentrional ou de la Ciscaucasie, comme ne touchant pas directement le sujet de ma faune.

A l'entrée de la sombre et étroite vallée du Térek, qui, à une distance de 8 lieues géographiques, nous ouvre la route, qui conduit au Kasbek, tout le caractère de la nature change brusquement. Grâce à la montée rapide de cette vallée dans la direction du Sud, jusqu'à la base orientale du Kasbek, on atteint au bout de quelques heures la hauteur absolue de 5681 p. Par des pentes raides, souvent perpendiculaires, les montagnes resserrent de tous côtés le lit étroit du Térek, formant une espèce de muraille le long de chaque rive. Plus d'une fois on a dû recourir à la poudre pour frayer la route artificielle, qui réunit la partie septentrionale du Caucase avec les provinces de la Géorgie. Cette voie est généralement connue sous le nom de grande route militaire de Géorgie, tandis que la vallée du Térek de Vladicaucase au Kasbek porte le nom de défilé de Darial. Non seulement les forêts, les arbres même sont bannis de cette agglomération de rochers. Çà et là, sur les pentes un peu moins escarpées, un maigre gazon se maintient avec peine, tandis que dans les innombrables crevasses des rochers les jolies Campanules, Scrophulaires et les Lychnides fournissent les specimens de la flore des montagnes. La nature semble avoir destiné ce pays au chasseur et au berger. Ce n'est que dans la localité comprise entre les relais postals de Kasbek et de Kobi, où débouchent plusieurs grandes vallées des affluents du Térek, que le terrain s'élargit, donnant aux habitants la possibilité de cultiver l'orge; un misérable petit bois de bouleaux, que les habitants vénérent depuis longtemps comme un objet sacré, nous rappelle la limite de la zone des arbres à une hauteur de 6000 p. au-dessus de la mer. Ce n'est qu'au Sud du col, à la station de Goudaour, dont la hauteur absolue est de 7327 p., que nous trouvons les données sur les conditions météorologiques de cette contrée. En Finlande, par exemple, indépendamment des eaux atmosphériques, qui y tombent en abondance, le climat est assez semblable à celui de la région supérieur du Grand Caucase. A Goudaour la température moyenne de l'année est de 3^0,2 R.;

en été elle est de 10°,2 R. Le mois de Février est le plus froid; il arrive même parfois que le thermomètre descend à —17° R. Le mois de Janvier n'a en moyenne que —3°,3 R; le mois de Février —6°,6 R. La quantité d'eau atmosphérique, qui tombe du côté méridional de la chaîne, est relativement peu considérable. En 1870 il n'en est tombé que 131, en 1871—174 millimètres, donc 5—7 pouces au total. Mais au Nord de Goudaour, au-delà du col du mont de la Croix, traversé par la grande route militaire, à une hauteur de 8015 p. le climat est bien plus froid et la neige plus abondante; cela tient à ce que le mont Kasbek, avec sa cime de 16,533 p., abonde en glaciers énormes et que cette contrée est située sur le versant septentrional de la chaîne.

Le long du versant méridional du Grand Caucase nous n'avons qu'à suivre le nivellement du pays jusqu'à la capitale de la Géorgie, ce qui nous amène au bassin du Kour. Nous voici maintenant dans la vallée de l'Aragva, qui s'unit près de Mzkhet, ancienne capitale de la Géorgie, au bassin du Kour, venant de l'Ouest. La chaussée y a été construite en zig-zags aigus le long d'une pente raide donnant sur le midi. Çà et là les habitations humaines sont suspendues aux rochers, semblables à des nids d'hirondelles; les prairies alpines alternent avec les champs d'orge. Dans les profondes crevasses des montagnes bouillonnent les sources latérales de l'Aragva. Des groupes épares d'Azalées animent le paysage. A Mleti nous nous trouvons à une hauteur de 4900 p. En divers endroits on a essayé de planter des tilleuls et des frênes et on a obtenu des résultats très-satisfaisants. Plus bas, dans la vallée de l'Aragva, commencent les buissons. A Passanaour, où le niveau du sol s'abaisse jusqu'à 3500 p., des forêts couvrent les versants latéraux des montagnes, dont les sommets abondent en pâturages alpins. La vigne prospère dans ces parages, sans qu'on ait besoin de la couvrir en hiver; à la manière géorgienne on la laisse pousser sans la tailler. La localité d'Ananour, située à une hauteur de 2700 p. nous montre les vignobles, couronnés par les larges faîtes verdoyants de grands noyers. Le buffle y est un animal domestique très-utile et très-apprécié. Sur le bord et sur les îles de l'Aragva, pour peu que le sol y soit de bonne qualité, les bosquets de Paliurus et de Rubus forment des taillis impénétrables, habités par le faisan et une espèce de lynx (Felis cato-lynx). Le Smilax, plante rampante, y est fort bas; en revanche la clématite (Clematis Vitalba) recouvre richement les haies et les broussailles, contribuant beaucoup à l'aspect pittoresque des groupes isolés.

A quelques lieues, plus avant vers le midi, nous arrivons tout à la fois au confluent de l'Aragva et du Kour, comme aux dernières ramifications des montagnes trialéthiques. Il est digne de remarquer que cet endroit est situé à 1535 p. au-dessus du niveau de la mer. Nous nous trouvons ici à 200 p. au-dessus du niveau de Tiflis, que le Kour n'atteint qu'après avoir parcouru jusqu'à trois lieues géographiques, moyennant une déclinaison ou chute de 10 pieds par verste. La capitale de la Géorgie est située dans un vallon encaissé, formé à l'Ouest par les montagnes trialéthiques, allant jusqu'au lit du Kour, et à l'Est par les dernières circonvallations du Jora (affluent du Kour). C'est à cette situation enclavée que la ville est redevable de certaines particularités climatériques, d'autant plus que ce sont justement les vents froids du Nord et de Nord-Est, qui soufflent fréquemment et avec beaucoup d'intensité dans la vallée étroite du Kour. Il faut y ajouter les vents du Sud-Est, qui n'y sont pas moins fréquents. Les observations faites pendant l'année 1870 ont donné les résultats suivants: 210 vents du N.-O., 119 vents du N. et 165 vents du S.-E. A une hauteur de 1343 p. la température moyenne de l'année de Tiflis a été évaluée à $10^1/_4{}^0$ R. Le mois de Janvier, comme étant le mois le plus froid de l'année, a une température moyenne de $+1^0,2$ R.

Il arrive cependant, que les gelées atteignent 6°,9 R., maximum 13°, même au mois de Février. En revanche le mois de Mars amène déjà vers midi des chaleurs de 19° R. à l'ombre. En Avril le ciel est souvent couvert et la température moyenne de ce mois, 7°,4 R., est presque égale à celle du mois de Mars généralement serein. De même les mois de Mai et de Juin ne diffèrent que peu dans leur température moyenne, qui varie entre 15° et 16° R. Dans l'après-midi le maximum de la température s'élève parfois jusqu'à 23° — 25° R. et au mois de Juillet jusqu'à 26° R. Le mois d'Août est le plus chaud; la température moyenne est de 20°,8 R. et à l'ombre elle monte parfois jusqu'à 28° R. Les montagnes stériles et brûlantes et les bâtiments se refroidissent à peine pendant la nuit. Pour peu qu'on ait la possibilité, on se réfugie sur les hauteurs voisines. Tout languit. Il n'y a que les Astragales ligneux, poussant sur les pentes schisteuses et stériles, qui puissent impunément braver les rayons de ce soleil brûlant. Au commencement de l'été de courtes pluies d'orage rafraîchissent fréquemment la terre; dès le mois d'Avril commencent les orages. A Tiflis l'automne est magnifique. Sous un ciel presque toujours serein la température moyenne du mois de Septembre tombe jusqu'à 16°,3 R., celle du mois d'Octobre à 10°,1 R., du mois de Novembre à 6°,3 R. et du mois de Décembre à + 3°,7 R.

Il me reste à faire mention d'une localité isolée, ayant sa base en Asie, sur le plateau de l'Iran. C'est Ménétriés qui a rapporté les premières notions sur les lépidoptères de ce pays, incorporé à l'empire russe depuis l'année 1829. Situé à l'angle formé au S.-O. par la mer Caspienne, ce district, portant le nom de Talyche, n'est, proprement dit, que l'extrémité septentrionale de l'Elbours et des pays plats de Masanderan et de Ghilan, disposés au pied de cette chaîne vers le Nord. La chaîne d'Elbours entoure en demi-cercle, légèrement arrondi, la rive méridionale de la mer Caspienne, vers laquelle ses cimes se précipitent en pentes escarpées d'une hauteur de 6—7000 p., ne laissant au pied des montagnes qu'une bande étroite de terre fertile. D'épaisses forêts d'arbres à feuilles couvrent les versants et se répandent sur les bas-fonds marécageux. On y rencontre des espèces d'arbres propres aux régions d'Asie, ainsi que des représentants de la race féline de ce continent, tels que le tigre, la panthère etc.

L'extrémité septentrionale de la chaîne d'Elbours, qui appartient à la Russie, commence aux sources de l'Astara, aux confins de la chaîne, où s'élève la cime du Tchindan-Kala, dont la hauteur approximative est de 7000 p. et d'où l'on aperçoit à l'Ouest la vaste plaine d'Ardebil, à l'extrémité occidentale de laquelle se dressent les contours réguliers du majestueux Savalan (14,800 p.). Les montagnes inclinent d'abord vers le N.-O., puis en tournant vers l'Est, elles décrivent un demicercle et persistent enfin dans leur direction vers le Nord; en beaucoup d'endroits elles sont surmontées de cimes isolées, nommées „têtes"—parmi lesquelles le Kus-gourdi atteint la hauteur de 8034 p. Du haut de ces montagnes l'oeil du voyageur embrasse à sa droite et à sa gauche deux contrées très-différentes, strictement séparées et offrant deux contrastes frappants sous le rapport du climat et de la configuration du sol. A l'Est, dans la direction de la mer, s'étendent les profondes vallées de la Lenkoranka, de l'Astara et du Viliasch-tchai, toutes trois très-boisées; elles débouchent dans un pays plat et marécageux, où leurs eaux deviennent stagnantes, faute de pouvoir atteindre la mer Caspienne, dont les basses dunes leur barrent le passage. Au pied des montagnes d'énormes bois de jonc s'étendent le long d'une espèce de lagunes ou de grands bassins d'eau adhérant les uns aux autres; plus loin, dans le pays plat viennent les forêts vierges de chênes gigantesques (Quercus castaneaefolia) et d'une espèce toute particulière de taillis (Parrotia persica), tout entourés de smilace. A l'Ouest s'étendent des vastes plaines à une hauteur de 4500 p., en partie fertiles, en quelques endroits riches en efflorescences salines, déboisées et dépourvues d'eau. Ces plaines sont très-peuplées; les pentes douces des vallées produisent différentes espèces de plantes propres à l'Iran; les Astragalus durs et épineux, les Acantholimon sp. en sont les principaux représentants. Les évaporations de la mer Caspienne ne dépassent pas les montagnes du Talyche; ce dont l'été fournit journellement la preuve. Tandis que de gros nuages enveloppent les pentes orientales de ces montagnes, qui se perdent dans un épais brouillard, — un ciel serein s'étend au-dessus de la plaine d'Ardebil, éclairée par les rayons lumineux du soleil. Les montagnes s'abaissent graduellement vers le Nord et se perdent entièrement à mesure qu'on s'approche de la steppe tant décriée de Mougan, qui à partir de Belousouar se déroule devant nous à perte de vue.

A. Tableau de la situation et de la hauteur de diverses localités de l'isthme du Caucase.

Noms des localités.	Latitude N.	Longitude à l'Est de Ferro	Hauteur au-dessus du niveau de la mer en pieds anglais.
1. Circonscription générale.			
à l'Ouest:			
Taman	45° 9′ 2″	54° 21′ 26″	444
Soukhoum (Pharc) . . .	42° 59′ 2″	58° 38′ 23″	144
Poti (Phare)	42° 8′ 8″	59° 19′ 44″	134
Batoum	41° 39′ 26″	59° 18′ 13″	34

Noms des localités.	Latitude N.	Longitude à l'Est de Ferro	Hauteur au-dessus du niveau de la mer en pieds anglais.
à l'Est.			
Petrovsk	42° 59′ 33″	65° 10′ 38″	—86
Apcheron	40° 24′ 29″	67° 59′ 42″	174
Bakou	40° 22′ 2″	67° 30′ 9″	105
Lenkoran	38° 45′ 38″	66° 31′ 28″	— 5

2. Du Nord au Sud.

Noms des localités.	Latitude N.	Longitude à l'Est de Ferro	Hauteur au-dessus du niveau de la mer en pieds anglais.
Mosdok	43° 40′	62° 20′	465
Vladicaucase	43° 1′ 11″	62° 21′ 16″	2346
Kasbek	42° 41′ 56″	62° 11′ 13″	16,546
Kasbek (Station). . . .	—	—	5681
Col du Mont Croix . . .	—	—	8015
Goudaour	—	—	7327
Mleti	—	—	4900
Douchet	42° 5′ 20″	62° 22′ 3″	2918
Mzkhet	—	—	1535
Tiflis (Pont)	41° 42′ 8″	62° 28′ 37″	1206
Akstafa	41° 9′ 44″	63° 4′ 59″	1035
Delijan	—	—	4200
Col entre Delijan et le lac de Goktcha	—	—	7124
Niveau du lac de Goktcha à l'embouchure de l'Adiamtchai	40° 9′ 25″	62° 56′ 7″	6345
Erivan	40° 10′ 16″	62° 10′ 22″	3229

Noms des localités	Latitude N.	Longitude à l'Est de Ferro	Hauteur au-dessus du niveau de la mer en pieds anglais.
Aralych (au pied de l'Ararat)	39° 52' 42"	62° 10' 1"	2733
Grand Ararat	39° 42' 11"	61° 58' 1"	16,916
Petit Ararat	39° 39' 0"	62° 4' 57"	12,840
3. Haute Arménie et Karabagh.			
Alaghez	40° 31' 29"	61° 51' 49"	13,436
Alexandropol	40° 47' 32"	61° 29' 36"	5079
Koulpi.	40° 2' 44"	61° 20' 51"	4203
Ardaghan (forteresse) . .	41° 7' 13"	60° 22' 2"	6019
Kars	40° 36' 25"	60° 45' 21"	5826
Nakhitchevan	39° 12' 22"	63° 4' 30"	2949
Ordoubad	38° 54' 39"	63° 41' 29"	3026
Choucha	39° 45' 54"	64° 25' 13"	4379
Kapoudchik.	39° 9' 37"	63° 40' 21"	12,855

B. Température.—Eaux atmosphériques.

1. Température.

	Température moyenne des mois en centigrades												Moyenne de l'année
	Janv.	Févr.	Mars	Avril	Mai	Juin	Juill.	Août	Sept.	Oct.	Nov.	Déc.	
Vladicaucase	−4,7	−3	1,4	8,6	14,8	17,8	20,7	20,4	15,5	10,3	4,3	−1,8	+ 8,7
Goudaour . .	−7,1	−7,4	−2,1	1,3	7,1	9,9	13,1	13,2	9	4,7	3,2	−4,9	+ 3,3
Tiflis	0,5	1,9	6,5	11,8	17,5	21,1	24,3	24,4	19,3	14	7,6	2,5	+ 12,6
Erivan	−9,5	−3,3	4,5	13,3	18,8	21,9	24,6	26,2	22	13,8	6,6	0,2	+ 11,5
Poti.	5,8	6,5	8,5	12,4	17,1	20,5	22,9	24,4	20,2	17	12,8	7,7	+ 14,7
Lenkoran . .	3,5	4,3	7,6	12,6	18,8	23,1	25,8	25,3	21,6	16,4	11,2	5,9	+ 14,7
Bakou	3,4	3,4	6,1	11,1	17,7	22,7	25,8	25,8	21,9	16,6	11,4	6	+ 14,3

Minimum en Janvier: Tiflis—17,3; Poti—11,9; Bakou—8,8.

2. Total annuel des eaux atmosphériques.

Vladicaucase	985	mill.
Tiflis	489	„
Erivan	153	„
Poti	1533	„
Lenkoran	1314	„
Bakou	256	„

Végétation du Caucase.

Il n'est guère difficile de se faire une idée exacte de la végétation du Caucase d'après les principaux types correspondant à la configuration du sol. Or, ces types se sont formés d'après les bases données. La configuration du sol, ses propriétés mécaniques et chimiques, l'élévation au-dessus du niveau de la mer et le climat,—voilà les conditions qui règlent la vie organique. Là, où ces conditions fondamentales sont si extraordinairement variées, la faune et la flore du pays doivent être excessivement riches.

Nous servant des données précédentes sur la configuration du sol et sur la température du Caucase, nous devons suivre, par rapport à la végétation, le système suivant:

a) en tracer les limites en ligne horizontale:

Steppes au niveau de la mer et sur le plateau de l'Arménie. Déserts; leur classification en déserts salins, pierreux et sablonneux, ainsi que leur marche ascendante le long des vallées des fleuves.

b) en tracer les limites en ligne verticale:

Pays situés au niveau de la mer et jusqu'à 700 p. au-dessus de la surface de l'Océan. Région des forêts mixtes, approximativement jusqu'à 7000 p. de hauteur. Limite de la région des arbres et zone du Rhododendron caucasicum. Flore subalpine. Flore haute-alpine.

Végétation en ligne horizontale. Les plaines situées à la base septentrionale du Grand Caucase, entre le Pont-Euxin et la mer Caspienne, descendent graduellement vers le Nord d'une hauteur approximative de 2000 p. jusqu'au niveau de la mer; elles ont, sous le rapport de la végétation, le même caractère, essentiellement stérile et uniforme, que l'on retrouve à l'Ouest jusqu'aux pentes orientales des Carpathes et à l'Est, sauf quelques intervalles, jusqu'au coeur de la Sibérie méridionale et jusqu'aux limites septentrionales de la Mongolie. Un hiver rigoureux, long, orageux, généralement pauvre en neige et sujet à des froids excessifs, un printemps court, pendant lequel la splendeur originale de la végétation se manifeste nommément par les plantes bulbeuses, grandissant en groupes; un été tellement brûlant, qu'il condamne beaucoup de plantes à l'inertie;—enfin un automne serein et de longue durée, pendant lequel la végétation revit de nouveau s'il pleut toutefois, — voilà les traits caractéristiques de ces plaines immenses.

Le grand régulateur pour l'existence entière du pays, celui dont dépend le plus ou moins de prospérité qu'y crée l'homme, — c'est l'eau, c'est-à-dire le total annuel des eaux atmosphériques. Il est vrai, que la quantité en est très-limitée et qu'elle varie, selon l'étendue du territoire, de 3—14 pouces par an; d'ailleurs, l'essentiel ce n'est pas la quantité plus ou moins grande d'eau, mais la faculté relative du sol d'absorber et de conserver l'humidité. Dans les steppes la fertilité dépend des propriétés des diverses couches, qui constituent le sol; si l'une d'elles est argileuse, c'est-à-dire si elle a la faculté de lier et qu'elle n'est pas trop à la surface de la terre, la végétation est non-seulement assurée, mais souvent luxuriante. Si, au contraire, la dite couche n'a pas les facultés requises ou si elle vient à manquer tout-à-fait, il se forment les gradations successives entre steppes et déserts, dont les derniers peuvent être tantôt sablonneux, tantôt pierreux, tantôt plus ou moins imprégnés de sel. Les steppes caucasiennes, situées au pied septentrional de la chaîne, ont le climat le plus favorisé du pays. La proximité de la longue chaîne non-interrompue de montagnes, dont la crête sert de condensateur gigantesque aux vapeurs de l'air, est la raison des pluies fréquentes et utiles. Il y tombe jusqu'à 23 pouces d'eau par an.

Considérée sous son caractère de steppes, la Transcaucasie offre un double intérêt. D'abord les courants inférieurs de l'Araxe et du Kour arrosent une grande superficie, où la végétation des steppes atteint ses types les plus accentués, qui se manifestent dans les transitions graduelles de steppes d'halophytes aux plaines d'Artemisias, réunis entre elles par différentes espèces de Statice, et dans les transitions des plaines d'Artemisias aux steppes couvertes d'herbes ou de graminées à terre grasse. La steppe de Mougan, fort décriée à cause de ses serpents, offre un exemple frappant de la sociabilité des plantes, qui dans les steppes et les déserts est une loi irrécusable. Les embranchements moins élevés des montagnes de Talyche et l'étroit littoral de la mer Caspienne forment la limite méridionale de cette contrée remarquable; à l'Ouest les steppes de l'Araxe s'étendent jusqu'aux dernières ramifications des montagnes de Karabagh et se réunissent sur la rive gauche de ce fleuve avec les plaines du Kour; au Nord une suite de collines arides, dernières arêtes des montagnes de Schemakha, forment la limite du territoire décrit. En remontant le cours des deux fleuves, l'Araxe et le Kour, nous voyons des steppes et même des déserts suffisamment limités se prolongeant bien avant dans l'intérieur du pays. Dans la vallée de l'Araxe, à l'Ouest des montagnes du Karabagh, on peut suivre ce genre de déserts et de steppes salines jusqu'au pied du grand Takialtou, malgré qu'on y rencontre parfois une riche culture, produite au moyen d'irrigation artificielle. Ces déserts ou steppes, conservant leur caractère typique, s'unissent quelquefois sans l'intermédiaire de bois et d'arbustes aux prairies subalpines. Nous trouvons les derniers vestiges des steppes dans la vallée élargie du Kour jusqu'à son entrée dans la plaine de Souram. Des steppes salines de peu d'étendue et des petits lacs d'eau salée, contenant parfois des plantes maritimes (Ruppia maritima), se montrent encore près de Tiflis; à quelque distance de cette ville, à mesure que la vallée présente des proportions de plus en plus vastes, les steppes prennent le dessus; ici, sur un terrain d'alluvion, se présente un gazon verdoyant; là, sur les plaines, situées plus haut, le sol ne produit que des Artemisias.

En faisant description des steppes transcaucasiennes notre attention est attirée vers un second objet du plus haut intérêt: ce sont les steppes élevées de l'Arménie. La flore en est souvent identique à celle des steppes ponto-caspiennes à terre grasse. Les mêmes espèces de Muscari, d'Iris et de Tulipes, qui fleurissent à la mi-Mars dans les steppes basses, dont le niveau est égal à celui de la mer, se retrouvent ici à la fin d'Avril à une hauteur de 6—7000 p. au-dessus du niveau de la mer. Le Verbascum phoeniceum, les mêmes espèces de Nonnea, Lycopsis, Lithospermum, Anchusa et Cerinthe, les mêmes Ombellifères, Salvia, Eryngium se rencontrent autant ici que là; la plaine située entre l'Araxe et l'Euphrate nous présente dans le pays des Kourdes les véritables steppes de Stipa à une hauteur de 7000 p.

Maintenant jetons encore un coup d'oeil rapide sur la flore des steppes dans son ensemble et nommons les espèces les plus remarquables et les plus typiques.

Au printemps la steppe a un charme particulier; des groupes innombrables de différentes espèces d'Ornithogalum (O. fimbriatum Wed. et O. umbellatum), d'Iris (I. ruthenica Ait., I. pumila L. et I. reticulata M. d. B.) et de Muscari (M. racemosum Mill., M. comosum Mill. et M. ciliatum Pawl.), qui ne deviennent guère hauts, couvrent avec abondance le sol. Parmi ces groupes on voit, fortement fixées au sol, les grosses rosettes des feuilles radicales velues de la Salvia aethiops et de la Salvia austriaca et encore deux autres espèces très-répandues aux feuilles rabougries, la Salvia nutans L. et la Salvia verticillata L. Ailleurs prédominent les plantes crucifères; ce sont nommément les diverses espèces de Lepidium (L. Draba L., L. perfoliatum L., L. ruderale L., L. vesicarium L.). Puis viennent les différentes Borraginées; les frêles Myosotis des prairies du Nord sont remplacées dans les steppes par les vivaces et fortes Rochelia et Echinospermum (E. Lappula L., E. barbatum Lehm., E. patulum Lehm.). Peu à peu le feuillage bleu-vert des Cerinthe se fait jour et bientôt après s'élancent des feuilles radicales,en forme de rosette, les tiges des Verbascum Phoeniceum L. et Anchusa italica Rtz., dont la beauté est rehaussée par leur grandeur et leur hauteur, dépassant de beaucoup celle de presque toutes les plantes printanières des steppes. Ces dernières ne brillent dans tout l'éclat de leur développement qu'à l'époque de la floraison des tulipes, dont les principaux représentants, la Tulipa Gesneriana L. et la Tulipa sylvestris L. couvrent les interminables plaines ponto-caspiennes, mais ne sont souvent que de courte durée. A la même époque fleurissent les amandiers nains, hauts d'à peine 1 pied, le seul arbuste propre aux steppes et généralement répandu,—et se déploient les Phlomis (Phl. tuberosa L. et Phl. pungens).

Au commencement du mois de Mai il suffit d'une journée très-chaude pour anéantir la magnifique végétation printanière des steppes. Du moment où les deux Salvias du printemps, S. nutans et S. verticillata, cessent de fleurir, c'en est fait de cette saison. Maintenant c'est le tour du développement rapide des plantes d'été, autrement dit plantes estivales, comme p. e. les deux autres espèces de Salvias, les Phlomis, l'Eryngium campestre L., la Falcaria Rivini Hst., les diverses espèces de Marrubium (M. peregrinum), Malva, Verbascum, le Xanthium spinosum et des chardons, qui atteignent parfois une hauteur de 5—6 pieds. Les centaurées hérissées et à petites fleurs (Centaurea ovina et C. parviflora),—plantes caractérisant la saison avancée de l'été, — se montrent de toutes parts. Les petits scions serrés de Peganum Harmala, qu'on rencontrait vers la fin du mois de Mai, se sont développés en arbustes de forme sphérique, très-ramifiés et hauts de 1—1½ pieds; au mois de Juillet la dite plante se couvre de fleurs blanches et se conserve telle jusqu'au mois d'Août.

Végétation en ligne verticale. Commençons notre aperçu par les contrées situées au niveau de la mer et bornons-nous aux localités boisées ou couvertes d'arbustes, tout en laissant de côté les steppes et les déserts.

Toute la côte orientale de la mer Noire, à l'exception de l'extrémité septentrionale et le district de Talyche, situé près de l'angle S.-O. de la mer Caspienne, fait partie du territoire que nous allons décrire. Le littoral de la mer Noire embrasse dans la partie méridionale le delta du Rion et l'angle S.-E. du bord de la mer; le district de Talyche ne contient que l'extrémité septentrionale du pays riverain de Masanderan-Ghilan, auquel s'adosse la chaîne d'Elbours. Sous le rapport de la végétation ces deux contrées offrent une certaine ressemblance, mais, sous celui du règne animal, elles diffèrent beaucoup entre elles. Au Sud de la mer Caspienne prédomine le caractère asiatique des différentes espèces de plantes; au Pont-Euxin—celui de l'Europe centrale et des diverses espèces propres au littoral de la Méditerranée, quoique dans un nombre très-restreint. Là, au bord de la mer Caspienne, il n'y a pas de Conifères, ici, à l'Occident, s'étendent, depuis le niveau de la mer jusqu'à une hauteur de 6 — 7200 p., les forêts mélangées; là la limite des arbres se trouve plus bas et est tracée, chose étrange, par des exemplaires isolés d'arbres gigantesques d'une espèce de chêne nommée Quercus macranthera Fisch. et Mey.; la zone des pins de montagne manque absolument.

Dans la zone inférieure des deux pays se trouvent des types très-prononcés de joncées. Elle se propagent principalement à l'aide des mûres de ronce (Rubus fruticosus L., R. sanctus Schrb.); les églantiers (Rosa) et les épines (Crataegus) se joignent à ces deux derniers; dans le pays plat le Paliurus aculeatus s'y associe parfois, mais rarement; tandis qu'en Orient les balaustiers ou grenadiers sauvages leur tiennent, pour ainsi dire, compagnie. Ces arbustes grandissent très-près les uns des autres. Par-ci, par-là un tronc épais d'Acer campestre, de Populus nigra et des pruniers sauvages (plus à l'Est aussi la Gleditschia caspia Desf.) se font jour à travers cet épais fourré et le dominent. La Periploca graeca, une Asclépiadée à belle floraison, remplace la liane auprès des jeunes arbres des grandes forêts, qu'elle enlace de spirales si fortement serrées, qu'elle finit par tuer cette jeune génération. Le Smilax excelsa L. serre et affaiblit les arbres par le poids de ses filets gigantesques au moyen desquels il enlace même les troncs des grands chênes et des ormes. Dans la Colchide et en Abkhasie—là, où finit l'étroite région des joncées, s'étale soudain un pays remarquable en ce qu'il présente l'aspect d'un jardin naturel très-cultivé. Çà et là, au milieu de beaux prés verts, à l'ombre de magnifiques noyers se trouvent les maisons isolées des habitants, généralement construites en bois de châtaigner ou de tilleul et entourées des troncs élancés, mais souvent entamés, des aunes, des Diospyros et des Pterocarya, le long desquels rampe la vigne sauvage, qu'aucune entaille n'a arrêtée dans sa croissance et qui, enlaçant les arbres presque jusqu'à leur cime, atteint parfois tout près du sol la grosseur du corps humain. Peu à peu le jardin continu de la Colchide, quitte le pays plat et se dirige vers les larges vallées où il se perd graduellement à mesure que les pentes des montagnes deviennent plus rapides et plus boisées et les vallées plus étroites. D'épaisses rangées de Sambucus ou sureaux (Sambucus Ebulus L.) entrelacées de liserons à fleurs blanches et de Tamus cernent et enclavent les propriétés séparées. Des guirlandes de clématites entourent les taillis formés de différentes espèces d'arbres et très-nombreux en: Crataegus, Prunus, Carpinus orientalis, Cornus, Ligustrum, Corylus, Cydonia, Mespilus, Staphylea, Xylosteum, Philadelphus et Azalea pontica. La dernière n'appartient pas exclusivement au littoral de la mer, elle occupe en ligne verticale une surface large d'environ 6000 p. et au-delà et s'élève dans certaines localités jusqu'à la limite des arbres. Le Rhododendron ponticum, cette belle rose des Alpes à grandes fleurs, choisit les contrées peu élevées et reste de préférence dans les vallées ombragées. L'Ilex, le Prunus laurocerasus et le Buxus, qui a parfois la grosseur de la jambe, complètent le nombre des arbustes toujours verts, qui atteignent en ligne verticale la hauteur approximative de 4000 p. au-dessus du niveau de la mer. Il nous faut encore mentionner les vastes espaces couverts de fougères, que l'on rencontre dans le pays plat et sur les montagnes avancées. Elles consistent principalement en Pteris aquilina L. et atteignent parfois une hauteur de 10 pieds.

Pour en finir avec le pays plat il nous faut encore jeter un coup d'oeil sur la côte méridionale de la mer Caspienne. Comme je viens de le dire, les bords des deux mers (mer Noire et mer Caspienne) offrent une certaine ressemblance sous le rapport du règne végétal; mais il y a cependant plusieurs espèces de plantes très-originales appartenant exclusivement à la mer Caspienne. Aux environs de Lenkoran, en delà des basses dunes, qui côtoient la mer, s'étendent alternativement des plaines de joncées et de vastes contrées marécageuses à eau douce et stagnante, couvertes d'un jonc impénétrable, auxquelles se joignent plus loin dans le pays les forêts vierges. Dans ces dernières prédominent trois espèces d'arbres: la Parrotia persica, qui croît très-originalement et dont les troncs et les branches lisses et courbées s'entrecroisent en grandissant et forment des festons irréguliers de différente grandeur. Puis vient le tour des chênes gigantesques (Quercus castaneaefolia C. A. M.) et des plus beaux érables que produise le Caucase, l'Acer insigne Bsh. Ces forêts vierges frappent par la hauteur de leurs arbres; ce sont précisément les ormes, les chênes déjà cités et les Planera Richardi Michx., qui excitent notre admiration. Ailleurs, principalement aux endroits plus secs, se trouvent des espaces couverts de Gleditschia caspica et de Mimosa Julibrissen.

En contemplant encore une fois l'ensemble de la région des forêts, qui se relie dans les montagnes aux pays plats, nous voyons qu'elle se divise naturellement dans les hauteurs en deux grandes parties égales. Dans la partie inférieure prédominent les arbres à feuilles; dans la partie supérieure, comme dans toute la contrée occidentale, principalement dans la Colchide, l'Adjarie et sur le courant supérieur du Kour — deux espèces de conifères et le bouleau blanc. Sous le rapport de l'espace et du nombre le hêtre rouge occupe la première place. Le long du Pont-Euxin, jusqu'aux pays plats il ne croît qu'en arbres séparés; mais dans le Grand Caucase, ainsi que dans la Transcaucasie et dans le district de Talyche, il forme des forêts entières et marque la limite des arbres. Il est à remarquer que le hêtre (Fagus sylvatica) forme cette même limite déjà à une hauteur de 6000 p., tandis qu'ailleurs le bouleau blanc croît en bois épais à une hauteur de 7200 p., dans la partie centrale du Grand Caucase à 8000 p. et au Petit Ararat même à 9000 p. de hauteur.

Nous abordons maintenant les forêts vierges des régions plus élevées. Le caractère méridional y disparaît graduellement et cède la place à celui du Nord. La vigne, la clématite et le Smilax évitent les hauteurs au-dessus de 4000 p. Le chêne ordinaire et le marronnier n'y croissent plus. Ces deux conifères, à la forme svelte, élancés et d'un vert foncé, le sapin d'Orient (Abies orientalis Poiv.) et le sapin de Nordmann (Pinus Nordmanniana Stev.) augmentent en nombre et forment réunis des taillis séparés. Le tilleul, l'orme, le hêtre et le charme (C. Betulus L.) s'y trouvent encore. Par-ci, par-là on voit de petits bois de trembles ou s'ouvrent soudain des clairières, couvertes de framboisiers. Aux bords des rivières, tout près de l'aune ordinaire, en pousse une autre espèce, remarquable en ce que le revers des feuilles en est blanc et velu. Puis viennent de petits bois de bouleaux et aux endroits les plus ombragés des forêts se trouvent des mousses et des lichens barbus. A mesure qu'on remonte ces forêts on s'aperçoit de la prédominance du bouleau blanc. Le hêtre lui dispute longtemps le terrain; des érables en petit nombre ne se montrent que plus haut. Le sorbier et les roses des Gueldres sauvages se confondent parfois avec les taillis toujours encore très-épais, dont le noisetier commun, de même que le Rhamnus et l'aune font encore partie jusqu'à une hauteur de 5000 p. et au-delà. Les éclaircies offrent souvent de gras pâturages, qui fournissent un excellent foin, on y trouve, outre les graminées caractéristiques le Melampyrum et le Rhinanthus, différentes espèces de Sanguisorba et de Pimpinella, la petite Valériane, beaucoup de trèfles, la gracieuse Astrantia et des Pedicularis atropurpurea isolés et élancés. La plupart de ces plantes se rencontrent aussi dans la région des prairies subalpines, qui nous offrent partout un gazon continu et abondant en plantes à belles fleurs et en herbes odoriférantes.

Mais avant de mettre le pied dans cette région nous devons encore jeter un coup d'oeil rapide sur la zone alpine des Rhododendrons. Le Rhododendron caucasicum, superbe arbuste, est très-capricieux dans sa croissance; il évite résolument le flanc méridional des montagnes, en suit souvent la crête étroite en ligne fortement accentuée sans dévier vers le Sud et atteint en ligne verticale la hauteur moyenne de 10,000 p. Dans les régions où prédomine cette admirable rose des Alpes, elle forme un taillis tellement épais et serré, qu'il est presque impossible d'y pénétrer et elle s'approprie en reine la domination du territoire qu'elle occupe. Ça et là dans les rares éclaircies le Geranium se fraie avec effort un passage, tandis que l'Oxalis y vient assez souvent border les vastes groupes de Rhododendron. Même jusque dans la région des arbres le Rhododendron caucasicum pénètre bien avant; mais il est rare de le rencontrer au-dessous d'une hauteur de 6500 p.

Les deux zones ou régions de la flore alpine, que nous allons décrire très-brièvement, occupent dans les montagnes du Caucase des espaces de dimensions très-différentes. La région des prairies subalpines se distingue en ce que ses herbes et graminées extraordinairement épaisses et hautes d'environ un pied sont entremêlées de beaucoup de jolies plantes très-vivaces, faisant l'effet de grandes nattes reliées entre elles, étendues sur le sol, et formant souvent un gazon extraordinairement dur; cette région occupe dans les hautes montagnes du Caucase un espace de 1500—3000 p. en ligne verticale. Elle se relie à la région haute-alpine très-remarquable en ce que la végétation n'y couvre pas entièrement le sol. La plupart des plantes naines qui lui sont propres, comme les Alsinées, les Cérastes, les Saxifraga, les Draba et les Campanules, même les Renoncules et les Potentilles forment comme des colonies serrées, étroitement limitées et se tenant à l'écart les unes des autres. La hauteur de cette région varie souvent. Si nous cherchons dans les parties supérieures des montagnes les derniers représentants des phanérogames et que nous fixons la hauteur qu'elles atteignent, nous trouvons la différence extraordinaire de 4000 pieds et au-delà. Car, tandis que le résultat moyen des nombreuses observations, faites sur le versant méridional du Grand Caucase, dans le bassin du Rion, fixe la limite extrême des phanérogames à 10,000 p., le flanc septentrional de l'Elbours l'élève déjà à 12,000 et le Grand-Ararat en fournit encore, à une hauteur de 14,000 p., quatre espèces très-rabougries, qui y ont été collectionnées par M. Radde.

Borjom.

Avant de s'épandre dans la vaste plaine de Souram, située à une hauteur d'environ 2400 p. et de prendre son cours moyen dans la direction de l'Est, le Kour a dû se frayer péniblement un passage à travers un défilé étroit et tortueux. Sur toute cette étendue la pente de ce fleuve est très-considérable; les deux versants de la vallée qu'il traverse se rapprochent presqu'à se toucher et laissent à peine de l'espace pour ses affluents de droite et de gauche; ce n'est qu'à l'endroit où le grand Poskhov-tchai, venant de l'Ouest, traverse le pays fertile et couvert de collines d'Akhaltsikhe, pour se jeter dans le Kour, que le lit même du fleuve s'élargit considérablement dans la plaine. Plus nous nous dirigeons en aval du fleuve en descendant la vallée, plus la nature qui l'environne devient grandiose, car la chaîne des montagnes longeant le méridien, déjà connue dans l'antiquité la plus reculée et reliant le Grand Caucase au Petit Caucase, aboutit directement à la rive gauche du Kour. Ces montagnes que l'on appelait autrefois „chaîne de Meskhi", portent actuellement le nom de „montagnes de Souram" du nom de leur passage le plus fréquenté. En se rattachant, au Sud, à la chaîne de démarcation Akhaltsikho-Iméréthienne, qui forme en même temps la ligne de partage des eaux,—au Nord,—aux pentes escarpées des montagnes trialéthiques, elles constituent le point de départ ou la base orographique très-compliquée mais indispensable à quiconque veut s'orienter dans les environs de Borjom. C'est ici, dans la vallée resserrée du Kour, à 4 lieues de l'endroit où il quitte cette gorge étroite pour déboucher dans la plaine élargie de Souram, qu'est situé Borjom.

Tout auprès de la rive droite du fleuve les montagnes s'élèvent en chaînes, tres-boisées jusqu'au plateau élevé de l'Arménie, offrant des cols situés à une hauteur d'au-delà de 7000 p. et des lacs alpins ayant à leur tour un niveau élevé au-delà de 6000 p. au-dessus de la mer. En avançant dans cette direction on traverse de superbes forêts de haute futaie et l'on franchit le sommet des montagnes marginales par le col de Zkhra-Zkharo; puis on longe la vallée du Ksia et et l'on arrive bientôt au lac de Tabitskhouri, où le regard est frappé d'admiration à la vue de l'énorme mont Aboul, situé au Sud et dont le sommet a une hauteur de 10,800 p. Un peu plus à l'Est s'étend la surface d'un autre lac d'eau douce, le Toporavan, situé aussi sur le plateau de l'Arménie à une hauteur de 6000 p. Non loin de Borjom deux vallées profondes et étroites sont en quelque sorte labourées par de petits torrents peu éloignés l'un de l'autre et dont les sources se trouvent plus haut à la lisière de la haute Arménie dans la région de la zone subalpine; dans la partie inférieure de leur cours ces torrents sont séparés par un plateau très-étroit formé de schistes tertiaires et recouvert d'une couche de lave noire. Vis-à-vis, sur la rive gauche du fleuve, s'étend une chaîne de montagnes correspondant à celles de la rive opposée; elles s'élèvent rapidement jusqu'à la ligne de partage des eaux Akhaltsikho-Iméréthienne. On y voit poindre, au-delà de la zone des arbres, des cimes isolées ayant la forme de cônes obtus (très-caractéristiquement appelées „têtes ou tawi" dans le langage du pays) offrant au regard de gros pâturages alpins. Des vallées escarpées, profondément taillées dans les flancs des montagnes, pour la plupart faiblement arrosées, sillonnent au midi les versants de cette ligne de partage des eaux. Ces pentes sont tout-aussi boisées que les versants septentrionaux des montagnes trialéthiques, qui s'étendent vis-à-vis. Des observations, faites sur le climat du pays, il résulte, que Borjom tient à la fois de la Colchide par certains phénomènes atmosphériques, tels qu'un excès d'humidité, ainsi que de la Haute-Arménie par les brusques et fantasques changements de température qui s'y rencontrent au coeur de l'été et durant les automnes très-prolongés. L'abondance des neiges pendant l'hiver compense en partie la sécheresse de l'été, au moins relativement à la végétation ligneuse. Le commencement de la belle saison amène régulièrement des orages très-violents accompagnés de grêles et de pluies torrentielles qui occasionnent souvent des dommages considérables.

Après tout ce qui a été dit il ne nous reste plus qu'à donner un aperçu sommaire du règne végétal de Borjom et ses environs. D'Atskhour jusqu'au point où le Kour s'épand dans la plaine de Souram nous voyons partout un terrain boisé qui s'étend fort avant dans le pays. Quoique ces belles forêts de haute futaie ne consistent pas exclusivement en espèces propres à l'Europe centrale, l'ensemble n'en porte pas moins le caractère des forêts de l'Allemagne méridionale. Les deux conifères qui prédominent dans les régions supérieures, savoir les Abies orientalis Poir. et A. Nordmanniana Stev., sont en effet des espèces à part, mais elles conservent néanmoins le caractère du sapin (A. excelsa) et du sapin blanc (A. picea).

Les forêts d'arbres à feuilles, semées çà et là de quelques conifères isolés, se composent de différentes espèces d'érables (comme les Acer laetum C.A.M. et les A. campestre L.), de chênes n'atteignant que de petites dimensions, de frênes, de tilleuls, de hêtres, de charmes, d'ormes, d'Ostrya carpinifolia, de trembles, de peupliers noirs et d'aunes; ces derniers grandissent le long des ruisseaux. Plus on approche du sommet des montagnes, plus on y voit prédominer les deux espèces de conifères sus-mentionnées, occupant parfois des districts entiers; plus bas, sur les flancs méridionaux des montagnes ils sont souvent remplacés par des massifs de pins (Pinus sylvestris L.) et ce n'est qu'à une hauteur de 6—7000 p., qu'ils cèdent la place au bouleau blanc, servant presque généralement de lisière à la zone des arbres. Une espèce d'érable (Acer Trautvetteri Medw.) et de chêne (Querc. macranthera) en exemplaires isolés entrent parfois dans les confins de cette zone, d'autres fois ils sont remplacés par des bois non-mélangés de hêtres; mais dans ce dernier cas la limite de cette zone est moins élevée. A environ 4 verstes de Borjom, en descendant la vallée du Kour (gorge de Rwel), on voit le châtaignier (Castanea vesca) pour la dernière fois. Le noyer se trouve en abondance, mais il ne paraît pas être originaire de cette contrée. Dans les parties plus basses de ces montagnes, et principalement sur les flancs méridionaux prédominent de nombreux arbustes au bois dur. Différentes espèces de Crataegus et de Cornus, le Corylus, le Carpinus orientalis, le Rhus, le Philadelphus, l'Azalea, la Lonicera, le Viburnum, le Rhamnus, divers Pyrus et Prunus, de même que les Rubus et les Rosa, auxquels se joignent encore les Berberis, forment en différents endroits un taillis excessivement épais, auquel manquent néanmoins les entrelacements de Smilax, propres aux régions inférieures; ce dernier est souvent remplacé par des guirlandes de Clematis Vitalba. La propagation et la croissance de ces plantes ligneuses et vivaces dépend en grande partie de ce qu'elles sont plus ou moins exposées au soleil et de la direction des rayons de celui-ci. Tandis que le Berberis, le Rubus fruticosus et le Rubus caesius, de même que le Crataegus melanocarpa et pyracantha, le Paliurus, le Pyrus salicifolia et Celtis australis recherchent de préférence les versants méridionaux, peu exposés à l'humidité, les Philadelphus et Lonicera, Staphylea et Rhamnus grandifolia se refugient sur les versants septentrionaux et le Rhododendron ponticum de même que l'Ilex et le Prunus Laurocerasus ne se rencontrent qu'à l'ombre des forêts de haute futaie, généralement dans la direction septentrionale. L'influence exercée par les rayons du soleil sur la propagation des herbages est bien plus grande encore, que sur celles des plantes, dont nous avons parlé plus haut. C'est à Borjom, où les deux chaînes de montagnes riveraines ne sont separées que par le lit étroit du Kour, tout en étant exposées l'une au Nord et l'autre au Sud—qu'on a l'occasion d'observer à quel point les espèces de plantes varient selon qu'elles sont tournées vers tel ou tel point de l'horizon. Du côté septentrional des montagnes, moins exposées au soleil, on ne trouvera ni les Alyssum, ni les Odontarrhena, ni les Onosma, ni la Fibigia à grandes siliques, ni les Rhaponticum, ni l'Echinops. Il y manquent également les groupes de Coronilla et de Lotus, si avides de soleil, de même que ceux de la Centaurea dealbata. Indépendamment de ce que toutes ces plantes appartiennent à la flore rupestrale, elles poussent de préférence aux endroits exposés au soleil, de même qu'un grand nombre de plantes labiées, telles que le Thymus, Ziziphora et la Calamintha. En revanche les versants septentrionaux produisent, indépendamment de leurs larges lits de mousse épaisse et touffue, des Saxifraga rotundifolia et S. orientalis, des géraniers aux petites feuilles (Geranium lucidum, Robertianum, rotundifolium), des frêles Galium, Orobus, Lathyrus, Lysimachia, Valeriana officinalis et beaucoup d'autres espèces qui manquent aux pentes méridionales.

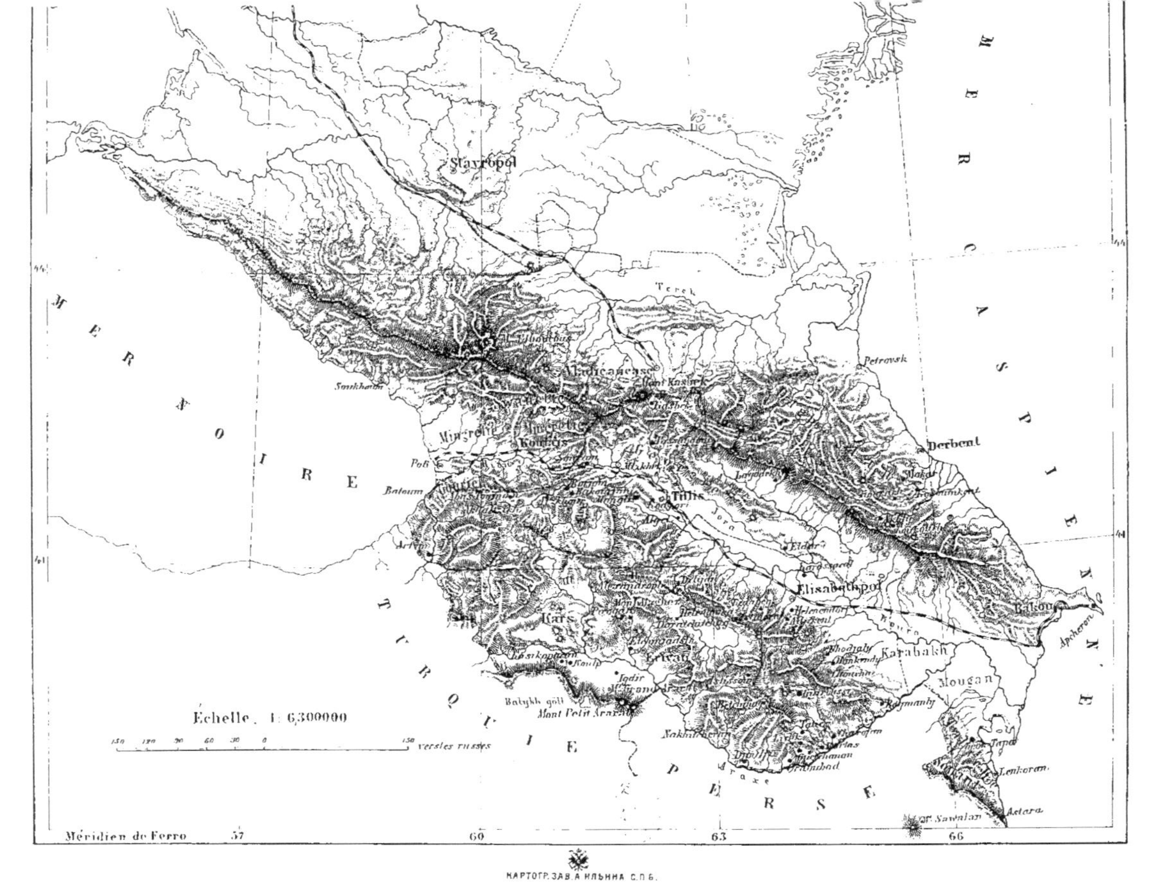

КАРТОГР. ЗАВ. А. ИЛЬИНА С.П.Б.

RHOPALOCERA

I. PAPILIONIDAE.

1. PAPILIO L.

Podalirius L. — Répandu partout. Très-fréquent à Borjom, où il vole depuis le commencement de Juin jusqu'à la fin d'Août. Paraît à Tiflis à la fin d'Avril, mais en exemplaires isolés; y vole tout l'été. Les exemplaires de Borjom ne diffèrent en rien des typiques; ceux de Lagodekhi sont pour la plupart plus clairs et les ailes en sont un peu plus larges.

Alexanor Esp. var. **Orientalis** Rom. (Pl. V. fig. 1). — Cette variété locale si intéressante est à l'espèce typique ce que la variété, connue sous le nom de *Feisthameli* Dup., est à celle de *Podalirius* L.

La var. *Orientalis* diffère du type sous les rapports suivants:

Elle dépasse en grandeur la forme originaire. L'unique exemplaire transcaucasien, que nous ayons à notre disposition, a les ailes supérieures de 40 mm. de longueur. Ces ailes sont un peu plus pointues et le bord postérieur en est plus rétréci, ce qui fait que les ailes sont plus étroites. La dentelure des ailes inférieures est plus accusée. La coloration en est d'un jaune soufre pur et clair. La raie transversale et les taches des ailes supérieures en sont considérablement plus effilées que chez les exemplaires du midi de la France. Les deux taches, principalement la tache postérieure, sont recouvertes à leur milieu d'une couche épaisse d'écailles d'un bleu clair. La bande noire beaucoup plus étroite, qui précède le rebord, est également recouverte d'écailles bleues, parfois entremêlées d'écailles jaunes, principalement sur le bord antérieur et aux confins. L'espèce typique, au contraire, a cette bande presque exclusivement recouverte d'écailles jaunes. Les ailes inférieures ont la bande noire interne moins large et le bord noir qui est à l'intérieur en est aussi plus étroit. En revanche la bande extérieure a le double de largeur que celle de l'*Alexanor*, surtout dans sa partie inférieure et dans celle qui précède l'angle interne. L'espace recouvert d'écailles bleues est aussi plus étendu. Le côté interne de cette bande est beaucoup plus riche en dentelures que cela n'est le cas pour l'espèce typique.

Quant aux autres différences peu importantes je les passe sous silence, parce qu'elles peuvent facilement varier dans chaque exemplaire pris séparément.

Si l'on envisage le dessous des ailes supérieures, la tache interne est recouverte d'écailles bleues, tel qu'on le remarque sur l'*Alexanor* typique du midi de la France.

J'aurais à peine risqué de constater une nouvelle variété locale de l'*Alexanor* en me basant sur l'exemplaire unique ♀ de cette espèce, pris aux environs d'Ordoubad et faisant partie de ma collection; mais comme les exemplaires pris par M. Christoph auprès de Schahroud dans la Perse septentrionale sont de tous points pareils au mien, pris, comme je viens de le dire, aux environs d'Ordoubad, il est permis de supposer avec certitude que c'est là une variété locale propre à l'Orient. A mon grand regret je n'ai pas vu un seul specimen des *Alexanors* qui se rencontrent fréquemment en Grèce; par conséquent je ne puis que supposer que ces derniers appartiennent aussi à la var. *Orientalis.* Il est certain qu'en Italie on ne rencontre que la forme typique, généralement plus petite et d'un jaune plus foncé.

Machaon L. — Répandu partout. Paraît à Tiflis déjà à la mi-Mars. A Borjom tout l'été. La chenille, que j'ai souvent trouvée là, se nourrit des différentes espèces d'ombellifères.

2. THAIS F.

Cerisyi B. var. **Caucasica** Ld. — Très-abondante en Avril et Mai à Lagodekhi; se trouve aussi à Borjom et Soukhoum-Kalé.

3. PARNASSIUS Latr.

Apollo L. — En Juillet à Borjom, Abbastouman, Manglis, Delijan, Istidara, Guéroussi, Lischk, Kasikoparan, en Souanétie et dans plusieurs endroits du Daghestan. Très-fréquente à Daratchitchag.

var. **Hesebolus** Nordm. — Cette variété se trouve dans les mêmes endroits que l'*Apollo.* Un grand nombre d'exemplaires présente le passage du type à la variété.

Nordmanni Nordm. — A Kourouche dans le Daghestan en Juillet. Haberhauer prétend l'avoir trouvé dans les montagnes du Gouriel.

Mnemosyne L. — A Tiflis, Borjom, Lagodekhi, Istidara et au district de Zangesour à la fin d'Avril et en Mai, à Lischk aussi en Juillet. 1 ♂ de Tiflis et 1 ♀ de Lischk, présentent le passage à la variété *Nubilosus* Chr.

var. **Nubilosus** Chr. — A Ordoubad et Ourmous au commencement du mois de Mai.

II. PIERIDAE.

4. APORIA Hb.

Crataegi L. — Partout en profusion.

5. PIERIS Schrk.

Brassicae L. — Partout.

Krueperi Stgr. — A Ordoubad en Mai, mais rare.

Rapae L. — Partout. 1 ♀ de l'Ararat de la grandeur de *P. Brassicae.*

Napi L. — Partout.

var. **Napaeae** Esp. — A Kasikoparan, Bakouriani et Lischk en Juillet.

ab. **Bryoniae** O. — Un exemplaire a été pris en Juin à une hauteur de 9000 p. sur l'Alendaridagh près d'Ourmous.

Callidice Esp. var. **Chrysidice** HS. — Au Perlidagh près de Kasikoparan.

Daplidice L. — Partout.

var. **Bellidice** O. — Très répandue.

Chloridice Hb. — A Borjom et Atskhour en Juillet et Août; 1 ♂ d'Ordoubad; assez rare.

6. ANTHOCHARIS B.

Belia Cr. — A Tiflis, Derbent et Ordoubad en Avril et Mai.

var. **Ausonia** Hb. — A Bakouriani dans la seconde moitié de Juillet; à Ordoubad en Avril et Mai; au Talyche.

Cardamines L. — Partout. Ordinairement deux générations.

ab. **Turritis** O. — 1 exemplaire, pris à Lagodekhi le 17 Mars.

Gruneri HS. — En Avril et Mai près d'Ordoubad. Les ♀♀ sont extrêmement rares. Le D-r Staudinger en possède un tout petit exemplaire venant d'Akhaltsikhe.

7. ZEGRIS Rbr.

Eupheme Esp. var. **Menestho** Mén. — A Ordoubad en Avril et Mai. Un exemplaire de Kasikoparan.

8. LEUCOPHASIA Stph.

Sinapis L. — Presque partout.

var. gen. I. **Lathyri** Hb. — A Borjom en Juin et Juillet.

var. gen. II. **Diniensis** B. — A Borjom et Lagodekhi en Juillet.

ab. ♀ **Erysimi** Bkh. — Aussi à Borjom à la même époque.

Duponcheli Stgr.—A Borjom et Ordoubad en Mai.

var. gen. II. **Aestiva** Stgr. — A Kasikoparan.

9. COLIAS F.

Hyale L. — Partout. A Borjom et aux environs de Tiflis en très-grande quantité et dans le premier endroit en deux générations. J'ai observé en Septembre 1879 l'accouplement d'une ♀ *Hyale* avec un ♂ *Edusa*.

ab. **Sareptensis** Stgr. — A Borjom et Ordoubad en Juillet.

Erate Esp. — A Tiflis en Juillet et Août très-fréquente.

ab. **Helichta** Ld. — Dans les mêmes endroits que l'*Edusa* et l'*Erate*.

ab. **Pallida** Stgr. — A Borjom.

Thisoa Mén. — Aux bords du lac de Goktscha et à Lischk en Juin et Juillet. Ménétriés la mentionne comme se trouvant aussi sur les Alpes du Schadagh (8000 p. d. h.). A Kasikoparan sur le Perlidagh [1]).

Myrmidone Esp. ?— J'en possède un ♂ très-grand, apporté par Mlokossévitch des environs du Grand Ararat. Christoph l'attribue a une gigantesque Myrmidone. Quoique mon exemplaire soit très-bien conservé, il est fort difficile de se prononcer définitivement car il est malheureusement unique. La Myrmidone n'a pas été autrement trouvée dans la Transcaucasie.

Olga Rom. — Cette jolie espèce que je viens de décrire dans les Horae S. E. R. (T. XVII, p. 127), vole à Borjom et Abbas-

---

[1]) Le *Eos* HS, dont le type appartient au D-r Staudinger, provient, dit-on, de l'Ararat.

toumau depuis la fin de Mai jusqu'au commencement de Juillet. Becker l'a déjà trouvé à Akhty au Daghestan, mais dans très-peu d'exemplaires. Staudinger dit avoir un individu d'Helenendorf.

Edusa F. — Répandue partout depuis le mois de Juin jusqu'en Octobre.

ab. **Helice** Hb. — A Borjom et Tiflis.

Aurorina HS.—A Borjom, Atskhour, Akhaltsikhe en même temps qu'Olga. Aussi dans le district de Zangezour du gouvernement d'Elisabethpol et à Guetchinan en Juin et Juillet. A Ordoubad et Kasikoparan. Staudinger possède un exemplaire de Helenendorf. Beaucoup de mes mâles de Borjom ont une teinte de violet assez prononcée, de sorte qu'on pourrait bien les compter pour une forme transitive à la variété *Libanotica* Ld.

10. RHODOCERA B.

Rhamni L. — Partout.

var. **Farinosa** Z. — A Borjom, Ordoubad, Migri, Kedabeg.

III. LYCAENIDAE.

11. THECLA F.

Betulae L. — A Borjom à la fin d'Août et en Septembre; très-rare. Lederer la cite aussi d'Elisabethpol.

Spini Schiff. var. **Melantho** Klug. — A Tiflis, Borjom, Derbent, Ordoubad et Erivan en Juin; Kasikoparan. 1 ♀ de

Kasikoparan présente le passage à la var. *Lynceus* Hb. Depuis le mois de Mai jusqu'en Juillet.

W. Album Knoch. — A Borjom, Lagodekhi, Kedabeg, Migri, Adjikent, Kasoumkent et Lischk en Juin et Juillet.

Ilicis Esp. — Dans les mêmes endroits que la précédente. Aussi à Manglis et Daratchitchag.

Acaciae F. — A Tiflis, Mzkhet, Erivan, Daratchitchag, Borjom et Adjikent en Juillet.

Lunulata Ersch. — A Ordoubad dans les défilés rocheux qui environnent cette ville; en Juin. Le dessin du dessous des ailes de ces exemplaires est moins prononcé que dans les exemplaires du Turkestan et de la Perse.

Ledereri B. — Cette jolie *Thecla* vole en assez grande quantité à Tiflis, Ordoubad et Helenendorf en Avril et Mai.

Quercus L. — A Borjom, Lagodekhi, Derbent, Adjikent, Kedabeg, Istidara, Lenkoran et aux bords du Goktcha en Juillet et Août.

Rubi L. — Presque partout.

12. THESTOR Hb.

Nogelli HS. — La chenille de ce papillon a été trouvée en grande quantité par Christoph à Kasikoparan sur l'Astragalus ponticus.

Romanovi Chr. (Pl. I, fig. 1 et 2). — C'est au printemps de 1881 que M. Christoph a découvert ce nouveau *Thestor* dans les environs d'Ordoubad. Il paraît déjà au commencement d'Avril et vole jusqu'à la mi-Mai. Sa chenille vit sur l'Astragalus

Schahrudensis. M. Christoph l'a décrit dans les Horae S. E. R. T. XVII, p. 106.

Callimachus Ev. — A Tiflis; on le trouve au commencement d'Avril sur les collines, qui environnent la ville, où il vole cependant toujours isolé. A Eldar; très-fréquent en Avril à Ordoubad et Alindjatchai. Les exemplaires d'Ordoubad et d'Alindjatchai sont plus petits que ceux de Tiflis et de la Russie méridionale.

13. POLYOMMATUS Latr.

Virgaureae L. — A Bakouriani, Kedabeg, Kourouche, Guéroussi, Kasikoparan, Daratchitchag en Juillet et Août. Le dessin du dessous des ailes des exemplaires de la Souanétie est très-marqué.

var. **Miegii** Vogel. — A Bakouriani, Guéroussi et Kasikoparan à la même époque.

Thetis Klug. — Trés-fréquent à Kasikoparan sur les fleurs d'une espèce de *Thymus* en Juillet. Le Dr. Staudinger pense, que c'est la 2-de génération.

Ochimus HS. — A Atskhour, Erivan et Lischk en Juin et Septembre. 2 exemplaires d'Erivan et Lischk ont des taches noires comme la variété *Miegii*.

Thersamon Esp. — Il vole depuis le mois de Mai jusqu'en Juillet à Tiflis, Borjom, Derbent, Migri, Guetchinan, Istissou, Ordoubad et quelques autres endroits. Il faut remarquer que chez les individus, provenant des montagnes, les points noirs du dessous des ailes sont plus petits et le rouge de la bande est d'une nuance moins accentuée; ce rouge devient particulièrement pâle aux ailes inférieures, où il forme, chez l'espèce ordinaire des steppes, une bande à peine interrompue par la nervure, tandis que chez celle des montagnes ce rouge remplit exactement l'espace entre la double rangée de points et il est interrompu, sur une largeur assez considérable, par le gris-brun clair du fond. Le reflet bleu-verdâtre, qui se trouve à la base et au bord interne, manque ici presque complètement.

Asabinus HS. var. **Satraps** Stgr. (Pl. I, fig. 4). — On le trouve à Ordoubad en Juin sur les pierres des ruisseaux desséchés.

Dispar Hw. var. **Rutilus** Wernb. — A Lischk, Lagodekhi et Soukhoum-Kalé en Mai.

Hippothoë L. var. **Candens** HS. — Aux environs d'Akhaltsikhe (sur le Chambobel); à Guetchinan en Juillet. Deux ♀♀ de Kasikoparan; de l'Ararat. Le type, à ma connaissance, n'est pas encore trouvé dans le pays.

Alciphron Rott. var. **Melibaeus** Stgr. (Pl. I, fig. 3). — Aux bords du Goktcha (Istidara), à Akhty, Tiflis, Borjom, Ordoubad, Lischk, Adjikent, et Istissou. Dans ce dernier endroit on le trouve en énorme quantité. Il vole en Juin et Juillet.

Dorilis Hufn. — A peu près partout en Juillet et Août. Le fond des ailes supérieures des ♀♀ est presque toujours jaune.

Phlaeas L. — Partout.

var. **Eleus** F. — A Derbent, Ordoubad et Lenkoran.

14. LYCAENA F.

Boetica L. — Fréquente à Borjom en Août et Septembre. Sauf ceci je l'ai trouvée à Igdir, et elle se trouve encore à

Hankynda, Soukhoum et Kasikoparan. La chenille se nourrit de la *Colutea orientalis*.

Balkanika Frr. — On la trouve à Tiflis en Juin sur les pentes rocheuses du jardin botanique sur le *Paliurus aculeatus*, dont se nourrit la chenille. Je possède également des exemplaires de Derbent, Migri, Karasachkal et du Zangesour.

Argiades Pall. — A Tiflis et Borjom en Avril et Mai. Répandu dans la région.

var. **Polysperchon** Berg. — Dans les mêmes endroits que le type et à Soukhoum et Lagodekhi.

Trochilus Frr. — A Ordoubad en Juin; 1 exemplaire de Kasikoparan.

Aegon Schn. — Partout. Les exemplaires de Kasikoparan sont remarquablement petits.

Argus L. — Aussi très-répandu. Les ♀♀, qui ont les ailes entremêlés de bleu, se rencontrent assez souvent. Quelques exemplaires présentent le passage à *L. Zephyrus*.

Loewii Z. — A Borjom, Ordoubad et Kasikoparan en Juillet.

Zephyrus Friv. — En Juillet à Borjom, Lagodekhi, Helenendorf, Ordoubad, Kasikoparan, Istissou et Aralykh.

Eurypylus Frr. — A Borjom, Ordoubad et Lischk depuis le mois de Mai jusqu'en Juillet; aussi à Bakouriani.

Baton Berg. — Dans les mêmes endroits que le *Eurypylus* en Mai.

Panagaea HS. — Seulement à Ordoubad en Mai et Juillet.

Orbitulus Prun. var. **Dardanus** Frr. — A Bakouriani, Helenendorf, Guetchinan, Kourouche en Juin et Juillet. Un exemplaire de Kasikoparan beaucoup plus petit que tous les autres.

Astrarche Bgstr. et v. gen. II. **Aestiva** Stgr. — Tiflis, Borjom, Manglis, Derbent et Ordoubad tout l'été; aussi à Daratchitchag.

ab. **Allous** Hb. — Trouvé par le Dr. Sievers aux bords du Goktcha.

Anteros Frr. — A Borjom, Manglis, Passanaour, Artvin, Istidara, Kasikoparan etc. Très-répandu depuis le printemps jusqu'en Août. Les mâles de Kasikoparan sont d'un bleu grisâtre comme la *L. Dardanus.*

Icarus Rott. — Partout; à Daratchitchag avec des ♀♀ bleues.

ab. **Icarinus** Scriba. — Presque aussi fréquent que le type.

Eumedon Esp. — A Bakouriani, Delijan, Lischk, Kourouche, Kasikoparan, Daratchitchag, en Souanétie; en général sur les lieux élevés en Juillet.

Amanda Schn. — A Tiflis, Borjom, Ordoubad, Istissou, Kasikoparan et Guetchinan en Juillet.

Bellargus Rott. — Partout.

Corydon Poda var. **Caucasica** Ld. — A Manglis, Borjom, Kasikoparan, Hankynda, Lagodekhi et Istidara. Dans tous ces endroits répandu en Juillet.

Hylas Esp. var. **Armena** Stgr. i. l. — 1 ♀ de Borjom; 1 ♂ de Guéroussi. Le Dr. Staudinger dit l'avoir d'Akhaltsikhe; M. Hedemann l'a pris à Manglis.

Meleager Esp. var. **Steveni** Tr. — En Juillet à Borjom, Hankynda, Derbent et Kasikoparan.

Admetus Esp. var. **Ripartii** Frr.—A Derbent, Okhtchapert, Kasikoparan, Borjom en Juin et Juillet.

Damon Schiff. — Les exemplaires sont un peu plus petits et d'un bleu plus verdâtre que ceux de la Bohème et de l'Allemagne. A Kasikoparan en Juillet et Août. Une grande ♀ de Borjom. Le Dr. Staudinger dit avoir des individus typiques d'Helenendorf et de Hankynda.

var. **Damone** Ev. — Pas rare à Ordoubad en Mai. Le dessous des ailes beaucoup plus pâle que chez les exemplaires de la Russie méridionale; tous les exemplaires présentent le passage à la var. *Poseidon* Ld.

var. **Damocles** HS. — Le Dr. Staudinger m'a écrit qu'il possède des exemplaires d'Akhaltsikhe et Hankynda.

Kindermanni Led. — A Ordoubad, Okhtchapert et Kasikoparan.

var. **Iphigenia** HS. — A Ordoubad; à Kasikoparan; les exemplaires diffèrent des exemplaires de la Perse, qui ont des veines plus accentuées.

Actis HS. — A Helenendorf, Derbent et Kasikoparan.

Argiolus L. — Partout.

Sebrus B. — A Tiflis, Adjikent, Lischk, Kasikoparan et Bakouriani en Juillet et Août, mais toujours rare.

Minima Füssl. — A Tiflis, Borjom et Guetchinan en Mai.

Semiargus Rott. — Les exemplaires diffèrent un peu des exemplaires typiques et présentent plutôt le passage à la

var. **Bellis** Frr. — Partout.

Coelestina Ev. — Assez fréquemment près d'Ourmous. Le bord noir est un peu plus large que dans les exemplaires de Sarepta.

Cyllarus Rott. — Borjom, Lagodekhi, Soukhoum, Ordoubad et Istissou en Juillet.

Alcon F. — A Bakouriani, Lischk et Kasikoparan en Juillet.

Arion L. — A Borjom, Lagodekhi et Guetchinan en Juillet.

var. **Cyanecula** Ev. — Je possède quelques unes des environs de Kars et le Dr. Staudinger l'a d'Akhaltsikhe.

Arcas Rott. — Aux bords du Goktcha, à Lischk et Guetchinan, à Kasikoparan en Juillet.

IV. LIBYTHEIDAE.

15. LIBYTHEA F. Latr.

Celtis Esp. — Surtout très-répandu dans la vallée du Migri-tchai en Juin. A Tiflis le papillon paraît déjà les premiers jours d'Avril. Un exemplaire a été observé par moi à Borjom. A Ordoubad et à Mzkheth.

V. APATURIDAE.

16. APATURA F.

Ilia Schiff var. **Clytie** Schiff. — Seulement à Borjom, où j'ai attrapé deux exemplaires encore en 1873 et depuis je l'y ai rencontré, mais bien rarement.

VI. NYMPHALIDAE.

17. LIMENITIS F.

Camilla Schiff. — Presque partout.

Sibylla L. — Seulement à Borjom, où elle vole à la seconde moitié de Juin et en Juillet.

18. NEPTIS F.

Lucilla F. var. **Ludmilla** HS. — A Borjom, Tiflis, Ordoubad et Daratchitchag en Mai. Toujours rare. Le Dr. Staudinger possède aussi du Caucase la var. *Ludmilla* HS.—Le type n'a pas encore été trouvé.

19. VANESSA F.

Levana L. — A Akhty au Daghestan et à Lagodekhi en Mai. Probablement dans bien d'autres endroits.

Egea Cr. — A Tiflis, Borjom, Lagodekhi et Ordoubad.

C. album L. — Partout.

Polychloros L. — Partout.

Xanthomelas Esp. — A Borjom en Juin et Juillet, mais très-rare.

L. album Esp. — A Bakouriani et à Borjom en Juillet dans les endroits où il y a beaucoup d'ombre. Je l'ai élevé des chenilles, qui se nourrissent des feuilles d'une espèce d'aune.

Urticae L. — Se trouve au fond partout, mais jamais en grande quantité. Au-delà de 5000 pieds on rencontre déjà ordinairement la var. *Turcica*.

var. **Turcica** Stgr. — A Bakouriani, Lischk et bien d'autres endroits en Mai et Juin.

Jo L. — Presque partout.

Antiopa L. — A Borjom, Karaïass (à l'Est de Tiflis), Lischk, Bakouriani; fréquente par années en Juin et Juillet.

Atalanta L. — Partout. A Tiflis je l'ai observé jusqu'en Novembre et Décembre, si l'hiver était doux.

Cardui L. — Partout.

20. THALEROPIS Stgr.

Jonia Ev. — Ce charmant papillon, que le Dr. Staudinger avait apporté en quantité de son voyage en Asie Mineure, a été trouvé par M. Christoph à Ordoubad en 1881 et 1883 jusqu'à la mi-Mai. Les exemplaires d'Ordoubad sont un peu plus petits que ceux de l'Asie Mineure.

21. MELITAEA F.

Cinxia L. — A Borjom, Ordoubad et dans les environs de Tiflis en Juin. Répandue.

Phoebe Knoch. — A Borjom et à Guetchinan en Juin et Juillet; au Talyche, à Ordoubad.

Trivia Schiff. — A Ordoubad et Migri en Mai. Le Dr. Sievers dit l'avoir pris à Borjom et je possède des exemplaires d'Artvin de M. Christoph.

Didyma O. et var. **Caucasica** Stgr. — Borjom, Kodjori, Lischk, Daratchitchag, en Souanétie; en Mai jusqu'en Août.

Dalmatina Stgr. — A Ordoubad au commencement de Juin. Les exemplaires sont assez grands et se distinguent par le blanc du dessous des ailes.

La var. **Persea** Koll. — a aussi été trouvée à Ordoubad, Migri, Lischk, Hankynda, Istidara, Guéroussi.

Dictynna Esp. — A Borjom, Daratchitchag et au Khotchaldagh en Juillet, Kedabeg, Lagodekhi, Adjikent.

Athalia Rott. — A Lagodekhi et à Borjom, surtout pendant les chaleurs de Juin et Juillet sur le sable au bord du Kour; en Souanétie.

22. ARGYNNIS F.

Euphrosyne L. — Commune à Borjom; la 1-re génération en Avril et Mai; la 2-me en Août jusqu'au commencement de Septembre. Aussi à Soukhoum.

Pales Schiff. var. **Caucasica** Stgr. — Ce joli papillon se trouve en quantité dans les environs du village de Bakouriani à une hauteur de 8 à 9000 pieds, aussi à Daratchitchag, Kasikoparan, Lischk, Guetchinan et à Kourouche presque à la même hauteur. La chenille, quoique polyphage, préfère les différentes espèces de *Hieracium*.

Dia L. — Borjom et Tiflis au printemps et en automne. A Hankynda.

Daphne Schiff. — A Borjom, Derbent, Lenkoran dans la seconde moitié de Juin et au commencement de Juillet, mais jamais trop fréquente.

Ino Esp.—A Guetchinan, Manglis, Daratchitchag, Guéroussi et sur l'Alaghez en Juillet et au commencement d'Août.

Hecate Esp. — A Kourouche, Daratchitchag, Istissou et par le Dr. Sievers un exemplaire en Juin près de Mzkhet.

Lathonia L. — Presque partout.

Alexandra Mén. — A Lenkoran en Juillet.

Aglaja L. — A Borjom, Delijan, en Souanétie et au bord du Goktcha en Juin et Juillet; à Bakouriani, Daratchitchag, Guéroussi.

Niobe L. var. **Eris** Meig. — Borjom à la fin de Juin; rare; à Ordoubad, Migri, Tiflis.

Adippe L. et ab. **Cleodoxa** O.—A Borjom, Daratchitchag et Delijan en même temps avec la *Aglaja*. Mzkheth, Lagodekhi, Guetchinan, Istidara.

Laodice Pall. — Un exemplaire de Lenkoran. Jusqu'ici j'ai toujours douté que cette espèce se trouve véritablement au Caucase, malgré que Steven l'a déjà signalée comme provenant de ce pays. Ma Laodice a été prise par le fils de M. Tschermak de Bakou à Lenkoran. Il paraît pourtant que cette espèce reste toujours encore comme très-rare pour le Caucase.

Paphia L. — A Borjom, Mzkheth, Delijan, Lenkoran, aux bords du Goktscha; nulle part rare.

Pandora Schiff. — A Borjom, Tiflis, Kasikoparan et Ordoubad. Depuis le mois de Juin jusqu'en Août; vallée de l'Akstafa.

VII. SATYRIDAE.

23. MELANARGIA Meig.

Galathea L. — Le type, que je possède, est de Derbent et c'est à tort qu'on le croyait aussi provenant de Borjom, où n'existent que ses variétés. A Bakouriani, Daratchitchag, Guéroussi, Manglis.

ab. **Leucomelas** Esp. — A Borjom, Daratchitchag, Manglis, Kodjori en Juillet; fréquente.

var. **Procida** Hbst. — A Borjom, Hankynda, Adjikent, Kedabeg, Istidara, Manglis, Guéroussi, Bakouriani et aux bords du Goktcha à la même époque.

Titea Klug var. **Teneates** Mén. — Ménétriés prétend l'avoir trouvé fréquemment au Souant, partie aride des montagnes du Talyche. Au Musée de l'Académie Impériale des Sciences j'ai trouvé un exemplaire de la collection de Ménétriés.

Larissa HS. var. **Astanda** Nordm. (Pl. I, fig. 5 et 6).— A Borjom, Kodjori, Mzkheth, Guéroussi, Ordoubad, Kasikoparan (des très-grands exemplaires); à l'Ararat. En Juin et Juillet.

Hylata Mén. — Ménétriés dit qu'elle n'est pas rare dans les montagnes du Talyche. Elle est répandue à Schakouh, où M. Christoph l'a trouvée 1873.

Japygia Cyr. var. **Caucasica** Nordm. — A Guéroussi; 1 exemplaire de la part du Dr. Radde de la Chefsourie; Christoph l'a aussi trouvé au Daghestan, mais dans très-peu d'exemplaires. A Kasikoparan elle est assez fréquente.

24. EREBIA B.

Medusa F. — Dans tous les petits défilés entre Borjom et Akhaltsikhe depuis le mois de Mai presque jusqu'en Juillet. Aussi à Bakouriani et Lischk. Répandue.

var. **Psodea** Hb. — Cette variété et le type volent ensemble. Aussi à Istissou.

Stygne O. — A Kourouche au Daghestan en Juillet.

Melas Hbst. var. **Hewitsonii** Ld. — Cette bien jolie espèce vole depuis la seconde moitié de Mai et en Juin sur les rochers à Borjom et Abbastouman. Elle a aussi été trouvée en Souanétie par le Dr. Radde.

Tyndarus Esp. var. **Dromus** HS. — Le type n'a pas été trouvé au Caucase. La variété est très-fréquente à Bakouriani en Juillet; à Daratchitchag; à Kourouche au Daghestan, mais rare.

Pronoë Esp. — Ménétriés et Kolenati disent assez laconiquement: „sur les alpes du Caucase". Malgré que ces deux lépidoptérologues mentionnent ce papillon, je puis assurer que depuis il n'a plus été trouvé au Caucase.

Melancholica HS. — Nordmann la cite comme provenante de l'Ararat. Je m'abstiens de toute réflexion, car je devrais répéter la même chose que j'ai dit sur *Pronoë*.

Aethiops Esp. — C'est une espèce assez répandue dans le pays. Elle vole en Juillet et en Août à Borjom, Manglis, Hankynda, sur les bords du Goktcha etc. Aussi en Souanétie.

var. **Melusina** HS. — A Borjom et Abbastouman.

25. SATYRUS F. B.

Hermione L. — En Juillet à Borjom, Mzkhet, Manglis, Derbent, Lischk, Lenkoran, Eldar et bien d'autres endroits.

Circe F. — En Juillet à Borjom, Hankynda, Adjikent et en général dans les endroits boisés.

Briseis L. — Commune à Tiflis, Derbent, Ordoubad, aux environs de Kars en Juin et Juillet et la première moitié d'Août à Kasikoparan; très-rare à Borjom.

ab. ♀ **Pirata** Esp. — A Kasikoparan, mais rare. Juillet et Août.

Anthe O. — A Atskhour, Ordoubad, Kasikoparan, Okhtchapert à la fin de Mai et en Juin; au district de Zanguesour; Scharofan; sur l'Alaghez et l'Ararat.—Presque tous les exemplaires présentent le passage à la

var. **Hanifa** Nordm. — A Ordoubad et aux environs de Migri en même temps que la précédente. J'ai trouvé un seul exemplaire à Borjom en 1875.

Semele L. — A Tiflis, Borjom, Derbent, Migri, Markopi, Djebraïl en Juin et Juillet.

Bischoffii HS. — A Schoucha, Okhtchapert et Kasikoparan fréquente en Juillet et Août. M. Sievers l'a trouvée en masse à Sardarabad au gouvernement d'Erivan en Juin. Aussi à Migri, mais rarement.

Telephassa Hb. — Cette Satyride est répandue dans toute la vallée de l'Araxe en Mai et Juin. A Nakhitchevan, Ordoubad, Migri, Dschoulfi, Okhtchapert, Kasikoparan.

Pelopea [1]) Klug. var. **Shahrudensis** Stgr. (Pl. II, fig. 1 et 2). M. Christoph l'a pris en quantité à Ordoubad et Kasikoparan en Juin et Juillet. Le dessin du dessous des ailes des exemplaires de Kasikoparan et plus prononcé que celui des exemplaires d'Ordoubad.

var. **Caucasica** Ld.—Très-répandue à Borjom en Juillet. M. Becker l'a trouvée aussi au Daghestan (à Akhty et Kourouche); sur le Kasbek.

var. **Persica** Stgr. (Pl. II, fig. 3 et 4). — A Ordoubad, Kasikoparan et Okhtchapert en Juillet et Août.

Alpina Stgr. (Pl. II, fig. 5 et 6). — Répandue sur toute la grande chaîne du Caucase jusqu'au commencement d'Août. Je possède des exemplaires recueillis par M-r Christoph sur le Kasbek, à Akhty et Kourouche au Daghestan.

var. **Guriensis** Stgr. (*Beroë* var. Ld. Ann. d. Belge XIII, pl. 1 fig. 3).—Staudinger dit en avoir des exemplaires pris par Haberhauer à Abbastouman, Akhaltsikhe et des bords du Goktcha.

Je ne pense guère qu'on puisse en faire une variété à part, car elle se distingue du type *Alpina* seulement par la dimension et peut-être par les taches blanches, qui sont plus petites.

Mamurra HS.—Je possède des exemplaires pris par M-r Sievers sur l'Alaghez à la fin de Juillet. Elle se trouve aussi sur l'Ararat.

var. **Schakuhensis** Stgr. (Pl. III, fig. 1, 2 et 3).—Les exemplaires que je possède sont de Shakouh en Perse, mais le papillon se trouve aussi à la frontière russe-persane et probablement à Ordoubad en Août.

---

[1]) Voy. la classification de M. Staudinger, Horae Soc. Ent. Ross. T. XVI p. 67.—Le type n'a pas encore été trouvé au Caucase.

Beroë Frr. — Très-fréquente à Kasikoparan en Juillet et Août; 2 exemplaires de Guetchinan en Juin. Quelques exemplaires présentent le passage à la var. *Aurantiaca* Stgr. Aussi sur l'Ararat.

Geyeri HS. — Dans les environs de Kars en Août et aussi à la même époque sur les sommets des montagnes qui environnent Borjom (le mont Bolchoïe Pojarichtche). A Kasikoparan très-fréquent, mais les exemplaires sont bien plus petits que ceux de Borjom.

Arethusa Esp. — A Borjom en Août; très-abondante à Kasikoparan.

Statilinus Hufn. — A Borjom, Kars, Elisabethpol, Kasikoparan et sur le Grand Ararat en Août.

Parisatis Koll. (Pl. III, fig. 4 et 5). — A Ordoubad et dans la vallée du Migri-tchai. En 1882 M. Christoph l'a vu à une station au Sud de Schemakha dans la vallée du Kour. Aussi dans la vallée de l'Arpa-tchaï oriental et dans les environs de Koulp.

Dryas Scop. — A Borjom, Delijan, Manglis, Lagodekhi, Hankynda et aux bords du Goktcha en Juillet. Assez fréquente.

Actaea Esp. var. **Amasina** Stgr. — A Ordoubad au commencement de Juin; à Kasikoparan à la mi-Juillet.

26. PARARGE Hb.

Clymene Esp. — A Mzkheth en Juillet; un exemplaire à Borjom; abondante à Daratchitchag et Kasikoparan. Les ♂♂ sont plus foncés que ceux de Sarepta.

Maera L. — Tous les exemplaires présentent le passage à la

var. **Adrasta** Dup., qui est très-répandue. A Borjom, Delijan, Daratchitchag, Kasikoparan, Ordoubad, Lischk, Mazra, en Souanétie et sur l'Ararat.

var. **Adrastoides** Bien. (Pl. 1, fig. 7). — A Lenkoran et au Talyche en Juin; pas rare.

Menava Moore (= *Nasshreddini* Chr.). — Répandue sur les sommets des montagnes près d'Ordoubad en Juin. Les ♀♀ sont très-rares; c'est ainsi que d'Ordoubad M. Christoph n'en a apporté aucune et de Perse il n'en avait que cinq.

Megaera L. — Très-répandue; partout.

Egeria L. var. **Egerides** Stgr. — A Tiflis, Borjom, Lagodekhi, Delijan depuis le mois de Mai jusqu'en Septembre.

27. EPINEPHELE Hb.

Davendra Moore var. **Comara** Ld. — M. Christoph a trouvé un exemplaire à Ordoubad à la mi-Juin.

Lycaon Rott. — A Tiflis et Borjom en Mai, Juin et Juillet; à Ordoubad et en grande abondance à Kasikoparan; les exemplaires, recueillis sur les montagnes, diffèrent de ceux de la vallée par leur taille moindre. Il y a des mâles qui ont deux taches et qui ressemblent à la *Naubidensis* Ersch. — Aussi au Daghestan, au district de Zangesour, à Eldar.

var. **Lupinus** Costa. — A Lagodekhi, Daratchitchag, Begmalo, Ordoubad, Pirogan (sur l'Alaghez) en Juin et Juillet.

Janira L. — Partout.

var. **Hispulla** Hb. — A Lenkoran en Juillet.

Hyperanthus L. — Assez fréquent à Derbent en Juillet.

28. COENONYMPHA Hb.

Leander Esp. — A Lischk, Guetchinan, Kourouche, Bakou en Juillet.

Iphis Schiff. — A Borjom en Juin; à Kourouche en Juillet; aux bords du Goktcha, à Kasikoparan.

Arcania L. — A Tiflis, Markopi, Borjom, Adjikent, Istissou; presque partout.

Saadi Koll. (Pl. III, fig. 6 et 7). — Répandu à Ordoubad et dans la vallée du Migri en Mai et Juin; à Ounous, Adjikent.

Pamphilus L. — Partout.

var. **Lyllus** Esp. — A Borjom et Erivan.

Symphita Ld. (Pl. III, fig. 8 et 9). — Seulement à Bakouriani; très-rare. En Juillet.

29. TRIPHYSA Z.

Phryne Pall. — A Kasikoparan; jusqu'à 10,000 pieds de hauteur; en Juillet et Août. Vole sur les *Stipa*, dont se nourrissent les chenilles.

VIII. HESPERIDAE.

30. SPILOTHYRUS Dup.

Alceae Esp. — Partout.

var. **Australis** Z. — Presque aussi répandue que le type; à Tiflis, Borjom, Lagodekhi, Daratchitchag, Guéroussi.

Altheae Hb. — A Tiflis, Kasikoparan, Bakouriani; en Juin à Ordoubad et Lischk; aussi à Kourouche au Daghestan.

var. **Baeticus** Rbr. — A Kasikoparan à la mi-Juillet; assez rare.

Lavaterae Esp. — A Tiflis, Borjom, Ordoubad, Lischk, Kasikoparan, Adjikent et probablement dans bien des endroits encore. Depuis la fin de Mai jusqu'en Juillet.

31. SYRICHTHUS B.

Proto Esp. — Sur les hauteurs près de Kasikoparan; vers la fin de Juillet. 1 exemplaire de Pirogan.

Tessellum Hb. — Dans les steppes de Mougan en Avril et Mai; à Tiflis et Ordoubad. Les exemplaires sont plus petits que ceux de la Russie méridionale. Aussi à Kasikoparan.

Cynarae Rbr. — A Lischk en Juin; à Kasikoparan en Juillet.

Sidae Esp. — A Borjom, Orboubad, Delijan et Kasikoparan; pas rare.

Carthami Hb. — Cette espèce est la plus répandue des *Syrichthus;* quant à la taille et au nombre des taches elle varie beaucoup. — A Borjom, Bakouriani, Atskhour, Ordoubad, Lischk, Kasikoparan, Daratchitchag, Lagodekhi, Manglis, Istissou, sur l'Ararat.

Alveus (?) Hb. — 1 ♀ de Lischk; en Juin.

var. **Onopordi** Rbr. — A Borjom et Daratchitchag.

Serratulae Rbr. — Borjom, Atskhour, Lagodekhi, Ordoubad, Guetchinan.

Malvae L. — Partout.

Phlomidis HS. — A Kasikoparan assez fréquente; les franges d'une très-grande femelle sont blanches.

Orbifer Hb. — Les exemplaires de la 1-re génération sont très-grands; ceux de la seconde sont pour la plupart très-petits et ne diffèrent presque en rien du *S. Sao* Hb., qui n'a pas encore été trouvé au Caucase. A Tiflis, Borjom, Atskhour, Istissou, Ordoubad et Kasikoparan.

32. NISONIADES Hb.

Tages L. — Partout.

Marloyi B. — A Tiflis et Ordoubad en Mai et Juin.

33. HESPERIA B.

Thaumas Hufn. — A Mzkheth, Borjom, Istissou, Istidara, Guetchinan, Migri, Ordoubad, Kasikoparan, en Talyche et sur l'Ararat. — Les exemplaires sont pour la plupart extrêmement petits.

Lineola O. — A Borjom et Ordoubad; mais rare.

Sylvanus Esp. — A Ordoubad, Hankynda, Lenkoran en Juillet; presque partout où il y a des forêts.

Comma L. — A Borjom, Kasikoparan, Lagodekhi de Juillet jusqu'en Septembre.

Alcides HS. — A Ordoubad, Migri, Nakhitchevan, Begmalo en Juin.

34. CARTEROCEPHALUS Ld.

Palaemon Pall. — A Borjom, en Juillet; jamais trop fréquent.

HETEROCERA.

A. Sphinges L.

I. SPHINGIDAE B.

35. ACHERONTIA O.

Atropos L. — A Tiflis, Borjom, Lagodekhi, Lenkoran, Akhty (Daghestan), Helenendorf depuis le mois de Juillet jusqu'en Septembre. La chenille a été trouvée par M. Christoph à Akhty sur le *Solanum persicum* et à Lenkoran sur *Fraxinus* sp.; à Tiflis et à Borjom la chenille se nourrit exclusivement du *Lycium barbarum*.

36. SPHINX O.

Convolvuli L. — Très-fréquent à Borjom; à Tiflis, Derbent; en Juin et Juillet.

Ligustri L. — Mêmes endroits; mais assez rare.

Pinastri L.—A Borjom, Tiflis et Manglis.

37. DEILEPHILA O.

Vespertilio Esp. — A Borjom très-rare; à Lagodekhi assez fréquent; en Juin et Juillet.

Hippophaës Esp. — A Tiflis; j'ai pris un très-bel exemplaire sur les lilas à la fin d'Avril de 1877; très-rare. Vole aussi à Derbent.

Zygophylli O. — A Derbent, Ordoubad, Tiflis, Eldar, Djoulfi. La chenille, qui se nourrit du *Zygophyllum Fabago*, se trouve presque pendant tout l'été. Le papillon vole depuis le mois d'Avril jusqu'en Septembre.

Galii Rott. — Un exemplaire de Borjom, pris par M. Sievers.

Euphorbiae L. — Partout très-fréquente, surtout à Borjom et Tiflis, où l'on peut rassembler les chenilles par centaines. Il y a des années où leur quantité est si grande, qu'elles ne trouvent même pas assez de nourriture et meurent de faim. En 1879 ce fait a été observé sur le chemin de Tiflis à Kodjori et les voyageurs étaient souvent frappés par le nombre de ces chenilles sur la route. A Tiflis et à Borjom la chenille se nourrit de *l'Euphorbia Girardiana*.

ab. **Paralias** Nick. — Quelques exemplaires obtenus *ex larva;* à Borjom.

ab. **Esulae** B. — 1 exempl. ♂ de Tiflis; il est moins foncé que les exemplaires, représentés par Herrich-Schaeffer et Freyer.

Nicaea Prun. — L'unique exemplaire de cette espèce a été obtenu *ex larva* par M. Sievers 1875; la chrysalide avait été trouvée dans la steppe sur la route de Sardarabad à Edchmiadsin (gouv. d'Erivan).

Livornica Esp. — Répandue dans beaucoup d'endroits depuis la fin d'Avril jusqu'en Août. Tiflis, Borjom, Derbent.

Celerio L.—J'ai pris à Borjom moi-même un seul exemplaire très-bien conservé au mois de Juillet 1873, mais depuis je ne l'ai plus rencontré. Jusqu'à présent c'est le seul représentant de cette espèce du Caucase.

Alecto L.—Depuis le mois d'Avril jusqu'en Juillet assez fréquent sur les côtes occidentales de la mer Caspienne. Je possède des exemplaires de Derbent, Bakou et Lenkoran; aussi de Lagodekhi et de Helenendorf.

Elpenor L. — A Borjom, Lagodekhi en Juin et Juillet, mais rare.

Porcellus L. — A Tiflis et Borjom en Mai et Juin.

var. **Suellus** Stgr. (Pl. IV. fig. 1). — Presque plus répandu que le type; il vole dans les mêmes endroits et surtout sur la *Lonicera Caprifolium*. Tiflis, Borjom, Lagodekhi, Istissou et en Souanétie.

Nerii L. — A Borjom en Juillet, mais rare. J'ai eu l'occasion de trouver des chenilles sur la *Vinca major* et non sur l'oléandre, comme on les trouve ordinairement. Maintenant depuis 6 ans ce papillon a complètement disparu de Borjom et n'a jamais été trouvé dans d'autres endroits du Caucase.

38. SMERINTHUS O.

Tiliae L. — A Borjom, Manglis, Lagodekhi en Juillet.

Quercus Schiff. — A Borjom, Eldar; mais rare.

Kindermanni Ld.—M. Christoph en a trouvé une chenille à Lenkoran. Je possède 1 ♂ pris par M. Mlokossévitch à Aralykh (au pied septentrional du Grand Ararat) et 1 ♀, prise par M. Leder à Helenendorf [1]).

Populi L. — A Borjom assez fréquent en Juin et Juillet; aussi à Ourmous, Lagodekhi, Helenendorf.

Bon nombre d'exemplaires de ce Sphingide sont d'un brun rougeâtre très-clair et se rapprochent de l'espèce *Populeti* Bienert; au moins diffèrent-ils plus du type que la variété *Populetorum* du Dr. Staudinger.

39. PTEROGON B.

Proserpina Pall. — A Borjom en Juin et Juillet sur les fleurs des verveines, mais en somme très-rare.

Gorgoniades Hb. — Ce rare papillon a été trouvé par A. Becker à Derbent.

40. MACROGLOSSA O.

Stellatarum L. — Partout.

Croatica Esp. — A Tiflis à la fin d'Avril et en Mai sur les fleurs des lilas entre les 5 et 7 heures du soir; aussi à Ordoubad.

---

[1]) *S. Ocellata* n'a pas été trouvé jusqu'à ce jour au Caucase, mais il n'y a aucune raison d'être, qu'elle ne s'y trouve, et probablement on parviendra à la trouver. Du reste M. Sievers prétend en avoir rencontré plusieurs fois les chenilles à Manglis.

Bombyliformis O. — A la fin de Mai et en Juin à Tiflis, Kodjori, Borjom, Bakouriani, Kasoumkent; au Talyche.

Fuciformis L. — A Istissou, au bord septentrional du lac de Goktcha; 1 exemplaire obtenu *ex larva*, trouvé à Kasikoparan.

II. SESIIDAE HS.

41. TROCHILIUM Sc.

Apiforme Cl. — Un exemplaire pris par M. Sievers à Tiflis en Juin.

42. SCIAPTERON Stgr.

Tabaniforme Rott. — A Borjom, Tiflis; très-rare.

Stiziforme HS. — Un mâle a été pris par Haberhauer à Hankynda.

Fervidum Ld. (Pl. V. fig. 2). — M. Christoph a pris cette année (le 11 Juillet) un exemplaire ♀, parfaitement conservé, de cette belle espèce sur une des pentes, qui entourent Kasikoparan et qui sont si remarquables par leur riche végétation. Puisque cet exemplaire diffère assez considérablement de celui, qui a été décrit et représenté par Lederer (Verhandl. d. zool. bot. Ver. in Wien, 1855, p. 182, Taf. IV, fig. 10), ainsi que de ceux du cabinet du Dr. Staudinger, il me paraît non sans intérêt d'en donner un bon dessin et d'en décrire plus exactement les différences.

Les palpes, les poils du front et le collier sont d'un jaune orangé, les hanches d'un jaune plus clair, les cuisses, ainsi que la plus grande partie du corselet d'un rouge orangé soyeux; il me semble que l'expression „rouge miniacé" n'a pas été bien choisie par Lederer. Les cuisses, les tibias et les tarses sont d'un noir bleu de dessous, les tibias postérieurs avec quelques poils rouges clair-semés en dessus. Le milieu et la moitié supérieure des côtés du corselet sont rouges; la partie inférieure du corselet, ainsi que les épaulettes sont d'un noir-bleu luisant. Le 1-r segment de l'abdomen est recouvert de poils noirs, entremêlés de poils rouges; le 2-d est d'un bleu d'acier foncé luisant, le 3-e à moitié noir, à moitié d'un jaune doré, le 4-e noir-bleu, le 5-e d'un jaune doré et les derniers segments d'un noir-bleu. Le dessous de l'abdomen est aussi d'un noir bleu luisant, sauf le 5-e segment, qui est d'un jaune doré, comme en dessus. Le pinceau anal est d'un jaune doré, avec les côtés orangés, étroitement bordés de poils noirs. Le bord costal des ailes supérieures à partir du 1-r tiers, ainsi que la bordure marginale et les extrémités des nerfs sont noirs.

43. SESIA F.

Cephiformis O. — A Borjom en Juin et Juillet.

Conopiformis Esp. — A Borjom à la même époque, mais rare.

Myopaeformis Bkh. — A Borjom en Juin, mais rare.

Stomoxyformis Hb. — Lederer la cite d'Elisabethpol.

Formicaeformis Esp. — A Borjom en Juin et Juillet.

Dioctriiformis Rom. (Pl. V. fig. 3).—*Palpis ferrugineis intus nigris, fronte lutescente, antennis (♀-ae) incrassatis, ca* *pite corporeque coerulescente-nigris, abdomine cingulis tribus lutescentibus. Alis anticis latissime nigrofusco marginatis, macula cellulae discoidalis magna nigra, disco subdiaphano fere impleto aurantiaco-ferrugineo; posticis late marginatis, ad basim ferrugineis, macula cellulae discoidalis subquadrata magna nigra, ciliis omnium fuscis.*

1 ♀ Exp. al. ant. 7 mm.

L'unique exemplaire de cette intéressante espèce fut pris par M. G. Sievers sur la route d'Alexandrople à Mastara, à l'Ouest de l'Alaghez. Cette espèce se rapproche le plus de la *S. Palariformis* Ld., avec cette différence que la bordure noire des ailes supérieures est très-large; en outre il y a sur les ailes postérieures une lunule discoïdale très-prononcée, presque quadrangulaire.—Le second article des palpes est d'un jaune d'ocre, le dernier — d'un jaune de rouille, un peu noir en dessous. Le front est d'un blanc jaunâtre. Les antennes sont courtes et assez épaisses. Le corselet et l'abdomen, à l'exception de 3 anneaux d'un j'aune clair, sont d'un noir bleu peu luisant; les pattes sont de la même couleur avec des tibias d'un jaune sale au milieu. La brosse anale est noire.

Les ailes supérieures sont largement bordées de noir, ainsi que le bord interne, surtout à partir de la base. La bande transversale noire ne diffère point de celle de la *S. Palariformis*.

Les ailes inférieures, également munies d'un bord noir fort large, ont la lunule souscostale assez accusée, quadrangulaire et disposée tant soit peu obliquement. La base des ailes postérieures est également jaune, couleur de rouille.

Parthica Led. — Quelques exemplaires ont été pris par Haberhauer à Hankynda.

Masariformis O. — A Derbent.

var. **Loewii minor** Stgr. — A Kasikoparan en Juillet.

Annellata Z. var. **Oxybeliformis** HS. — A Kasikoparan en Juillet.

Empiformis Esp. var. **Schizoceriformis** Kol. (Pl. IV. fig. 2 et 3). — La plus répandue des Sesiides; très-fréquente à Borjom; à Tiflis, Mzkheth, Markopi.

Astatiformis HS. — A Borjom; Mr. Hedemann en a pris deux exemplaires à Manglis vers la fin du mois de Mai.

Triannuliformis Frr. — A Tiflis, Borjom, Nakhitchevan.

Stelidiformis Frr. — Prise par M. Becker à Derbent.

Bibioniformis Esp. — A Ordoubad, Akhaltsikhe (par M. Haberhauer).

Guriensis Emich. — Le Dr. Staudinger possède des exemplaires qu'il dit avoir reçu du Gouriel.

Muscaeformis View. — Pris par le Dr. Fixsen dans les environs d'Elisabethpol; aussi à Daratchitchag.

Affinis Stgr. — A Borjom; sur le Chambobel près d'Akhaltsikhe.

Anthraciformis Rbr. — Un exemplaire pris par M. Christoph le 19 Mai à Ordoubad.

Minianiformis Frr. — A Borjom (le 14 Juillet), Kasikoparan. Ménétriés dit l'avoir trouvé en quantité dans les jardins de Lenkoran, mais il la mentionne comme *Chrysidiformis* Esp. — Le Dr. Staudinger dit que les exemplaires présentent le passage vers cette espèce.

Chalcidiformis Hb. — A Borjom, Ordoubad, Istissou en Juin.

Elampiformis HS. — L'unique exemplaire, provenant

d'Ordoubad, est plus petit que ceux de la Perse septentrionale.

44. PARANTHRENE Hb.

Tineiformis Esp. var. **Brosiformis** Hb. — A Derbent, Tiflis en Juillet.

III. THYRIDIDAE HS.

45. THYRIS. Ill.

Fenestrella Scop. — A Borjom, Mzkheth, Derbent, Kasoumkent, Lenkoran en Juillet.

IV. ZYGAENIDAE B.

46. INO Leach.

Ampelophaga Bayle. — Pris par M. Christoph à Derbent en Juin.

Pruni Schiff. — A Derbent en Juillet.

Chloros Hb. — Un exemplaire de Kasikoparan en Juillet. La chenille se nourrit d'une espèce de *Centaurea*.

var. **Sepium** B. — A Derbent.

Tenuicornis Z. — A Ordoubad et Kasikoparan en Mai et Juillet.

Globulariae Hb.—Très-répandue en Mai et Juin; à Borjom, Tiflis, Helenendorf, Istissou, Hankynda, Ordoubad, Lischk, Kasikoparan.

Budensis Spr. var. **Volgensis** Möschl. — A Helenendorf, Ordoubad et en Souanétie.

Statices L. var. **Mannii** Ld. — A Borjom, Tiflis, Lischk, Kodi, Kasikoparan en Juin.

var. **Heydenreichii** Ld. — A Helenendorf; Pouchkek (vallée du Migri-tchai).

47. ZYGAENA F.

Pilosellae Esp. — A Borjom, Helenendorf, Eldar, Istidara, Kourouche, Derbent, en Souanétie en Mai et Juin. — La *Z. Pilosellae* présente des variétés intéressantes, qui sont proches de la *Z. Erythrus*.

ab. **Polygalae** Esp. — Assez fréquente à Kasikoparan.

var. **Nubigena** Ld. — A Bakouriani, Guéroussi, mais rare.

Brizae Esp. — A Borjom, Bakouriani, Abbastouman, Eldar (du 4 Mai), Helenendorf, Hankynda, Guéroussi en Juin et Juillet. Les exemplaires de Kasikoparan ont la troisième tache cunéiforme considérablement élargie.

Erebus Stgr. (Pl. IV, fig. 4). — A Tiflis, Borjom, au Talyche et en Souanétie en Juillet; assez rare.

Scabiosae Scheven. — A Borjom, au Talyche. Les exemplaires présentent, d'après le Dr. Staudinger, le passage à la var. *Orion* HS.

Punctum O. var. **Dystrepta** F. d. W. — A Borjom, Akhaltsikhe, Derbent, sur l'Alaghez en Juin; aussi sur la presqu'île d'Apcheron.

Cambysea Ld. var. **Rosacea** Rom. — Un grand nombre d'exemplaires d'une Zygène, que M. Christoph nous a apporté de Istissou, appartient incontestablement à la *Cambysea*, qui a été décrite pour la première fois par feu Lederer. Mais tous les exemplaires, recueillis dans la Transcaucasie, se distinguent de la *Cambysea* typique de Perse par la coloration et le dessin et me semblent représenter une variété constante, que j'aimerais introduire sous le nom *Rosacea*.

La coloration est d'un rose pur plus vif, tandis que les individus, originaires de la Perse, sont d'un rouge légèrement tirant sur le jaune. — Les taches à la base et à l'extrémité des ailes se confondent toujours plus ou moins, si bien qu'elles ne sont réunies que par la nervure médiane, ou que les ailes sont entièrement roses, excepté la bordure qui est d'un noir-bleu luisant. — Les exemplaires persans ne présentent que très-rarement cette réunion de taches.

Le papillon aime à se reposer sur les fleurs d'une *Vicia*, qui croît en abondance sur les pentes exposées au Sud-Est des montagnes aux environs de Istissou. — M. Christoph suppose que la chenille se nourrit d'une espèce d'*Eryngium*.

Armena Ev. — Très-fréquente à Borjom, Akhaltsikhe, Abbastouman en Juin et Juillet. Quelques exemplaires, pris par Leder en Souanétie, diffèrent des exemplaires typiques; les taches des ailes supérieures n'ont point de bordure, et l'abdomen est dépourvu de l'anneau rouge. C'est probablement la forme des régions alpestres.

ab. **flava**; (Pl. IV. fig. 5). — J'ai capturé l'unique exemplaire à Borjom.

Achilleae Esp. — A Borjom, Kedabeg, Kasikoparan, au Talyche—en Juin. Deux exemplaires de Borjom ne diffèrent des typiques que par l'anneau rouge de l'abdomen.

var. **Bellis** Hb. — A Borjom.

ab. **Viciae** Hb. — A Borjom.

var. **Bitorquata** Mén. — A Kasikoparan.

Meliloti Esp. — A Kedabeg, Khotchaldag et Istidara.

var. **Stentzii** Frr. — Elle est plus répandue que la forme typique. A Borjom, Bakouriani, Helenendorf, Kedabeg, Daratchitchag, Guetchinan, Lischk, Kourouche, en Chefsourie.

Trifolii Esp. — A Kasikoparan, au Talyche; rare. En Juillet.

ab. **Orobi** Hb. — M. Hedemann l'a prise à Manglis.

Lonicerae Esp. — A Borjom, Bakouriani, Daratchitchag, Lischk, en Chefsourie. En Juillet et Août.

Stoechadis Bkh. — Assez fréquente à Markopi, monastère Géorgien à 25 kilom. de Tiflis, en Mai.

Filipendulae L. — A Tiflis, Borjom, Guéroussi, Lischk, Istidara, Hankynda, en Chefsourie et en Souanétie.

ab. **Cytisi** Hb. — A Borjom, Tiflis, Kasikoparan, Guéroussi en Juillet.

Dorycnii O. — A Borjom, Lagodekhi, Adjikent, Istidara, Helenendorf, Kodjori, Manglis, Hankynda, Daratchitchag, Lenkoran, Kasikoparan en Juillet et Août. Elle varie beaucoup et présente souvent des formes transitoires vers la *Z. Ephialtes* var. *Araratica* Stgr.

Cuvieri B. (Pl. IV, fig. 6). — Prise par M. Sievers à Okhtchapert (aux environs d'Erivan), par M. Christoph à Kasikoparan. Au commencement du mois de Juillet.

Fraxini Mén. — A Borjom, Helenendorf, Derbent, en Juillet.

ab. **Scovitzii** Mén.—Un exemplaire de Kasikoparan. En Juillet.

Manlia Ld. — M. Christoph a pris 3 exemplaires de cette belle espèce le 8 Mai à Ordoubad.

Haberhaueri Ld.—Un exemplaire de Hadji-Kherib (lac de Goktcha) en Juin.

Olivieri B. — A Borjom, Betchinag (sur la route entre Nakhitchévan et Istissou) et à Kasikoparan vers la fin de Juillet.

Laeta Hb.—A Derbent en Juillet; assez fréquente.

Carniolica Sc. — A Borjom, Hankynda, Kasoumkent, Kasikoparan; très-fréquente en Juillet et Août.

ab. **Diniensis** HS.—A Kasikoparan.

ab. **Hedysari** Hb.—En Chefsourie.

V. SYNTOMIDAE HS.

48. SYNTOMIS Ill.

Phegea L.—Partout très-fréquente.

ab. **Cloelia** Esp. — A Lagodekhi.

Caspica Stgr. (Pl. IV, fig. 7). — A Derbent, Lenkoran, Aralykh (Gr. Ararat) en Juillet.

49. NACLIA B.

Punctata F. — Tiflis, Borjom, Kasikoparan, Begmalo.

var. **Famula** Frr.— A Kasikoparan en Juillet.

var. **Hyalina** Frr. — Tiflis, Helenendorf, Derbent, Ordoubad.

B. Bombyces.

I. NYCTEOLIDAE HS.

50. SARROTHRIPA Gn.

Undulana Hb. ab. **Dilutana** Hb. — Le type n'a pas encore été trouvé; l'aberration est assez répandue; depuis le mois de Mai jusqu'au Septembre. A Borjom, Tiflis, Lagodekhi.

51. EARIAS Hb.

Vernana Hb. — A Migri, Kasoumkent en Juin.

Chlorana L. — A Tiflis, Lagodekhi, au district de Zangesour. En Mai, Juin et Juillet.

52. HYLOPHILA Hb.

Prasinana L. — A Borjom, Lagodekhi; en Mai, Juin et Août.

Bicolorana Füssl.—A Borjom, Istidara en Juin.

II. LITHOSIDAE HS.

53. NOLA Leach.

Cucullatella L. — A Borjom en Juillet; M. de Hedemann, l'a prise à Manglis.

Strigula Schiff.—A Borjom en Mai.

Centonalis Hb. — A Tiflis, Borjom, Manglis, Helenendorf, Ordoubad en Juillet.

Cristatula Hb. — M. de Hedemann l'a prise à Tiflis en Juin.

54. PAIDA HS.

Obtusa HS. — M. Christoph l'a prise à Derbent en Juillet; elle y est assez fréquente.

55. NUDARIA Stph.

Murina Hb. var. **Cinerascens** HS. — La variété a été trouvée une seule fois à Ordoubad en Juin.

56. SETINA Schrk.

Irrorella Cl. — A Abbastouman, Balakoua (Daghestan), Atskhour, Khotchaldagh, en Souanétie.

var. **Flavicans** B. (Pl. IV, fig. 8). — A Borjom, Abbastouman, Lagodekhi, Kasikoparan en Juin et Août.

Roscida Esp. — Lederer la cite d'Akhaltsikhe.

Kuhlweini Hb. var. **Alpestris** Z. — Le Dr. Staudinger la possède du Caucase.

Mesomella L. — Prise par M. de Hedemann à Manglis vers la fin de Juillet.

57. LITHOSIA F.

Muscerda Hufn. — A Derbent, Tiflis, Avtchaly, Borjom, Lagodekhi. En Juillet et Août.

Deplana Esp. — A Borjom et Istidara.

Lurideola Zinck. — A Borjom, Lagodekhi, Lischk, Istidara, Adjikent, Delijan, Mazra, Passnaour. En Juin et Juillet.

Complana L. — A Borjom, Manglis, Kodjori, Hankynda, Daratchitchag, Delijan, Derbent. En Juin.

Unita Hb. — A Apcheron.

var. **Palleola** Hb. — A Borjom, Derbent en Mai.

ab. **Vitellina** Tr. — A Borjom en Juillet.

Lutarella L. — A Borjom, Manglis, Bakouriani, Kasikoparan, Kourouche.

var. **Pallifrons** Z. — Borjom, Kasikoparan en Juillet.

Sororcula Hufn. — A Borjom, Lagodekhi, Soukhoum, Derbent en Juillet et Août.

58. GNOPHRIA Stph.

Quadra L. — Très-répandue dans toute la Transcaucasie.

Rubricollis L. — A Borjom; mais très-rare.

III. ARCTIIDAE STPH.

59. EMYDIA B.

Striata L. — Lederer dit: „Caucase, Lenkoran, commune"; moi je ne possède que quelques exemplaires de Lagodekhi et de Derbent.

60. DEIOPEIA Stph.

Pulchella L. — A Tiflis, Borjom en Mai; à Lagodekhi, Derbent, Istidara, Apcheron, Bakou, Lenkoran en Juillet et Août. J'ai pris un exemplaire de cette jolie espèce à Tiflis le 6 Décembre 1876.

61. EUCHELIA B.

Jacobaeae L. — A Lagodekhi, Istissou, Lischk, Derbent. En Juin et Juillet.

62. NEMEOPHILA Stph.

Russula L. — A Helenendorf, Istissou, Lagodekhi, Khotchaldagh, Makhramkend (Daghestan) en Juin et Juillet.

Plantaginis L. var. **Caucasica** Mén. — A Bakouriani, au mont Chambobel près d'Akhaltsikhe, à Kasikoparan, Guétchinan, Lischk en Juillet.

Le type n'a pas encore été trouvé; la variété *Caucasica* Mén. est très-répandue sur les pentes des montagnes à l'altitude de 6—9000 p.

63. CALLIMORPHA Latr.

Dominula L. — Ce papillon n'a été trouvé qu'une seule fois, nommément par M. Leder [1]) en Souanétie au mois de Juillet. La var. *Rossica* Kol. cependant est très-répandue.

var. **Rossica** Kol. — A Borjom, Lagodekhi, Akhty, au Karabagh en Juin, Juillet et Août.

Hera L. — Très-répandue; à Borjom, Kodjori, Lagodekhi, Manglis, Delijan en Juillet.

64. AXIOPOENA Mén.

Maura Eichw. (Pl. V, fig. 5). — Jusqu'en 1880 ce beau papillon n'avait été rencontré, que sur le bord oriental de la

[1]) M-r Leder (pas à confondre avec Lederer), connu par ses recherches assidues sur les coléoptères et les coquilles du Caucase, nous a envoyé cette année bon nombre de papillons, qu'il a recueillis en Souanétie, au Talyche et surtout à Helenendorf.

mer Caspienne, à Krasnowodsk [1]). Le 17 Mai 1880 M. Christoph en trouva la chenille sur une espèce de *Centaurea*, aux environs d'Ardanoutch, situé au Sud de Batoum à quelques lieues de la frontière turque. Le papillon ♀ est éclos le 19 Juillet; nous avons donné une figure de cet exemplaire, parce qu'il se distingue de ceux de Krasnowodsk par sa taille plus grande et sa coloration rouge plus vive.

65. ARCTIA Schrk.

Caja L. — L'unique exemplaire a été obtenu d'une chenille, que j'ai trouvée à Borjom en Juin.

var. **Wiscotti** Stgr. — La variété est plus répandue que la forme typique; elle est assez fréquente à Borjom, Tiflis et Manglis en Juin et Juillet.

Villica L. — Très-répandue dans toute la Transcaucasie. A Borjom, Lagodekhi, Soukhoum, Tatief, Kouronche en Juin. Elle varie beacoup, principalement sous le rapport des taches blanches des ailes supérieures.

var. **Angelica** B. — A Ordoubad on ne rencontre que cette variété à taches jaunes.

var. **Confluens** Rom. (Pl. IV, fig 9.). — *Alis anticis maculis tertia et quarta confluentibus.*

La différence entre la forme typique et la variété *Confluens* consiste en ce que la 3-me tache, longeant le bord antérieur, est réunie avec la 4-me tache; cette dernière est à son tour réunie à deux autres taches, disposées en-dessous,

[1]) La remarque de Ménétriés: „nous reçûmes de Tiflis un second exemplaire" (Enum. corp. anim. Mus. Imp. Acad. Sc. Petrop. Pars III, pag. 161) n'indique pas assez clairement, si le papillon était originaire du Caucase.

et à la tache du bord postérieur. Toutes ces taches réunies, ou bande blanche jaunâtre, aboutissent à l'angle interne, où les franges ne sont pas noires, comme il a été faussement représenté sur notre planche, mais aussi d'un blanc jaunâtre. M-r Christoph a trouvé cette variété à plusieurs reprises à Hadschiabad et Astrabad, dans la Perse septentrionale [1]; lui et M-r Sievers l'ont rencontrée aussi à Lenkoran. Dans tous ces parages la forme typique n'a pas encore été découverte.

Purpurata L.— A Tiflis, Borjom, Daratchitchag, Ordoubad, Migri en Juin et Juillet.

Hebe L. — Très-fréquente à Tiflis; à Borjom, Atskhour, Eldar, Helenendorf, au Talyche, en Mai et Juin.

Maculosa Gern. var. **Caecilia** Stgr. — A Borjom, assez rare; la chenille s'y trouve sur une espèce de *Galium* en Avril et Mai; aussi a Atskhour et Istissou.

66. EUPREPIA HS.

Rivularis Mén. — A Derbent,Kodjori et Helenendorf, où elle est très-fréquente et d'où M-r Leder nous a envoyé cette année un grand nombre d'exemplaires ♂♂. Il y en a plusieurs, où les bandes transversales blanches s'élargissent considérablement vers le milieu des ailes, de sorte que les taches noir-brunes sont à peine à remarquer.

67. OCNOGYNA Ld.

Loewii Z. var. ? **Armena** Stgr. — Le Dr. Staudinger la possède d'Annenfeld; M. Haberhauer l'a prise en Octobre 1867

---

[1]) Horae Soc. Ent. Ross. T. X, pag. 32. Ibid. T. XII. p. 205 où cette variété à été classée à tort parmi la *Konewkaï* Frr.

sur les plaines de Schamkhor. M. Christoph a pris la chenille près de Sardarak dans le gouvernement d'Erivan.

68. SPILOSOMA Stph.

Fuliginosa L. — A Borjom, Tiflis, Manglis, Soukhoum et Derbent en Avril et Mai.

var. **Fervida** Stgr. — A Borjom, Lagodekhi, Tiflis, Helenendorf, Derbent, Manglis, Akhty en Juillet.

Excepté la teinte plus claire des ailes supérieures le type présente peu de différence avec les exemplaires de l'Europe centrale. Il est plus que probable, qu'au Caucase la forme typique représente la première et la var. *Fervida* Stgr. la seconde génération.

Placida Friv. — Elle est très-rare et n'a été prise qu'à la lumière au mois de Mai à Ordoubad.

Luctifera Esp. — A Borjom en Juin et Juillet.

Mendica Cl. — A Tiflis, Borjom, Lagodekhi, Helenendorf, Bakou, Derbent. En Mai et Juin.

Menthastri Esp. — A Borjom, Lagodekhi, Helenendorf, Derbent en Mai et Juin.

Urticae Esp. — A Borjom, Tiflis, Helenendorf, Lagodekhi, Soukhoum, Eldar, Derbent en Juin.

IV. HEPIALIDAE HS.

69. HEPIALUS F.

Humuli L. — Depuis Ménétriés et Kolenati ce papillon n'a pas été retrouvé au Caucase.

Sylvinus L. — Aux environs de Kars; à Manglis; une très-grande ♀ de Lagodekhi.

Laetus Stgr. (Pl. V, fig. 3 et 4). — De cette jolie espèce on ne connaissait jusqu'à présent que le ♂, décrit par le Dr. Staudinger en 1877 (Stettiner Ent. Zeit. 1877, p. 177). Quelques renseignements supplémentaires se trouvent dans les Horae Soc. Ent. Ross. T. XIV, p. 489, où elle est représentée sur la Pl. III, fig. 1. M-r Staudinger ne décide pas définitivement la question si le *Laetus* est une espèce particulière ou rien qu'une forme variée de *Sylvinus*. Comme néanmoins dans la description qu'il donne de ce lépidoptère il n'est point question des ailes postérieures, il me paraît que ce sont précisément celles-ci qui constituent une différence décisive entre le *Laetus* et le *Sylvinus*. Ce dernier, de même que les autres espèces d'*Hepialus* n'ont aucun dessin aux ailes postérieures, tandis que les *Laetus* (j'ai à ma disposition six exemplaires ♂♂ et deux ♀♀) présentent toujours aux bords antérieurs de ces ailes une tache ou ligne oblongue suivie d'une autre tache hémisphérique; le rebord de ces ailes est ordinairement entouré d'une bande d'un gris jaunâtre n'atteignant pas la mi-largeur de l'aile; tout autour de cette bande le fond de l'aile est brun, particulièrement foncé chez les ♂♂. Plusieurs beaux exemplaires de la ♀ de cette espèce, récemment pris à Manglis par Madame Radde et par M-r C. Hahn, maître au gymnase de Tiflis, ressemblent aux ♂♂ pour ce qui concerne le dessin, à cette différence près qu'on y rencontre moins de blanc sur un fond gris-brunâtre. Pour ce qui en est de la grandeur, les ♀♀ sont souvent deux fois plus grandes que les ♂♂.

Velleda Hb. ab. **Gallicus** Ld. — Mr. le Dr. Staudinger rapporte à cette espèce un exemplaire gigantesque d'un *Hepialus* ♀, que j'ai pris à Borjom en 1875. Je m'abstiens de toute remarque sur cet intéressant papillon, dont l'envergure est de 73 mm., car malheureusement il n'existe plus et je n'en possède maintenant que le dessin.

Lupulinus L. var. **Unicolor**. — Le Dr. Staudinger le possède d'Akhaltsikhe.

Mlokossévitschi Rom. (Pl. IV, fig. 10). — *Alis anticis ochraceis, striga subcurvata obliqua prope basim, macula media obtuse-triangulari, fascia ramosa postica, macula anteapicali strigaque limbali brunneis; posticis brunneo lutescentibus.*

1 ♂ Expans. alar. antic. 12 mm.

Ce lépidoptère particulièrement caractéristique est encore plus petit et plus trapu que le *H. Hectus*, auprès duquel on peut le classer sans inconvénient. La découverte en est due au forestier Mlokossévitch à Lagodekhi, auquel on doit la connaissance de plusieurs espèces jusque-là inconnues non seulement dans le Caucase, mais n'ayant point encore fait partie du domaine de la science. Malheureusement il n'en existe qu'un seul exemplaire ♂, assez bien conservé, qui fut pris le 28 Août à Lagodekhi.

Les antennes en sont de couleur de rouille assez claire; la tête, le corselet, l'abdomen d'un jaune de rouille tirant sur le brun. Strictement parlé, le fond des ailes est d'un brun rougeâtre, tandis que les raies et les taches sont d'un jaune d'ocre sale. Mais comme ces dernières, c. à. d. les taches et les raies occupent la plus grande partie de la surface des ailes, il me semble plus juste de considérer le fond comme étant de couleur jaune d'ocre, les raies et les ailes, au contraire, comme étant de teinte brune. En considérant la chose à ce point de vue, on voit une raie brune, courte et curviligne prendre naissance à la base des ailes et se diriger obliquement vers le bord interne. Le même bord brun antérieur donne naissance à une seconde raie également recourbée à son issue, qui envoie vers le centre une assez longue nervure en forme de tampon obtus et décrit après ça deux légères dentelures. Le côté extérieur est pareillement muni d'une dentelure entre laquelle et la pointe de l'aile se trouve une petite tache oblique de couleur brune et de forme ovale. Vers le milieu de l'aile se trouve une tache brune, triangulaire, un tant soit peu arrondie à son extrémité obtuse; elle fait l'effet d'être suspendue aux bord costal. Le rebord présente aussi une bande de largeur moyenne et de couleur brune. Toutes ces bandes et toutes ces taches sont bordées d'un brun foncé. Les franges sont d'un jaune d'ocre clair. Les ailes postérieures sont d'un gris-brun jaunâtre; le dessous des ailes est uniformément coloré en brun de rouille.

LEPIDOPTERA

aus dem Achal-Tekke-Gebiete

Von H. CHRISTOPH.

(Planches VI, VII et VIII).

Erster Theil.

Die nachfolgende Aufzählung der von mir auf Befehl Sr. Kaiserlichen Hoheit des Grossfürsten Nikolai Michailowitsch vom 15. April bis zum 3. Juli im Transkaspi-Gebiet und hauptsächlich in dem noch wenig, oder garnicht in entomologischer Beziehung durchforschten Achal-Tekke-Gebiete gesammelten Lepidopteren kann selbstverständlich keinen Anspruch auf Vollständigkeit machen, zumal da eigentlich nur an zwei Punkten einige Zeit eingehender gesammelt werden konnte.

Derjenige Theil Turkmeniens, der sich von dem Kleinen Balchan-Gebirge nach Osten bis gegen Merw längs dem Kopet-dagh-Gebirge hinzieht, wird von dem, von den Turkmenen etwas verschiedenen und ihnen bis vor der Besiegung durch die Russen feindlichen, räuberischen und tapfern Stamm der Achal-Tekke bewohnt und danach auch, wohl etwas beliebig, das Gebiet selbst Achal-Tekke genannt.

Wie zu erwarten war, fanden sich hier manche, auch im persichen Alburs - Gebirge vorkommende Arten, ferner mehrere, die bisher nur im Kuldscha-Gebiete von Herrn Alpheraki beobachtet wurden, so wie andere, die in dem ausgedehnten Gebiete zwischen dem Altai und Hindukusch, welches von Dr. Staudinger als „Tura" bezeichnet wird, gesammelt worden sind.

Die ebene Steppe erwies sich als ziemlich arm an Insekten, obgleich hier im April die Vegetation eine recht mannigfaltige und interessante war. Das mag wohl darin seinen Grund haben, dass schon zu Ende Mai die von dem waldlosen Gebirge kommenden Bäche versiegen und Sonnenglut und Stürme dann fast alle Vegetation vernichten. Etwas reicher an Insekten sind die durch abgeschwemmte Erde aus dem Gebirge ansteigenden, diesem anliegenden, Steppenstreifen. Hier hält sich die Bodenfeuchtigkeit, in Folge häufiger Niederschläge, länger und es entwickelt sich eine recht üppige Vegetation mit vielen Pflanzen, die der übrigen Steppe fehlen. In Folge davon ist auch das Insektenleben hier ein regeres und mannigfaltigeres.

Ich kam am 13. April [1]) in Krasnowodsk an und konnte noch in derselben Nacht auf einem Dampfboote der Regierung die Weiterfahrt nach dem Michailow Busen antreten. Diese Fahrt, vom herrlichsten warmen und windstillen Frühlingswetter begünstigt, war auch in gesellschaftlicher Beziehung, Dank der Liebenswürdigkeit des Commandeurs, eine sehr genussreiche und angenehme. Bald hat man zu beiden Seiten in nicht grosser Entfernung Land in Sicht; rechts liegt die Insel Tscheleken—kahle Sandflächen und niedrige Dünen, auf denen ab und zu ein abgestorbener Halbstrauch steht;—links ziehen sich eben solche, etwas höhere Sandhügel hin. Auf der ganzen öden Sandfläche ist kein lebendes Wesen zu sehen! Nur im Wasser, unweit des Ufers, tummelten sich Möven, Kormorane, Pelikane und die schönen Flamingo. Zur Station Michailowsky-Salif kam unser Dampfschiff zeitig an; da der Zug der Transkaspibahn erst am

---

[1]) *Anmerk.* Die Zeitangaben sind nach neuem Style.

Abend abging, so hatte ich einige Stunden Zeit zum Excursiren zwischen den Sanddünen, wo hier eine, wenn auch nicht reiche, so doch leidlich verschiedenartige Vegetation war. Es blühten hier einige *Astragalus* und andere kleine Frühlingsblumen, aber von Lepidopteren war nichts zu sehen; vielleicht wegen des heftigen Windes, der sich erhoben hatte. Die Eisenbahnfahrt von hier bis zur Endstation Kisil-Arvat gestaltete sich zu einer nicht unergiebigen Excursion, denn auf den Halteplätzen fand ich an den Stationslaternen und in den erleuchteten Stationsgebäuden manche recht interessante Noctuen und kleinere Thiere. Der Umstand, dass, in Folge noch nicht so ganz geordneter Zustände der Bahnverwaltung, mein Gepäck auf irgend einer Station mit dem abgekoppelten Waggon zurückgeblieben war, verursachte mir einen Aufenthalt von 5 Tagen in Kisil-Arvat. Ich hatte hier Gelegenheit zu einigen Excursionen in die nächstgelegenen Berge des nicht weit westlich beginnenden Kopet-dagh-Gebirges. Die diesem vorgelagerten Mergelhügel und deren Schluchten waren jetzt besonders reich an Blüthen und es flogen hier u. A. *Pieris Daplidice*, *Anthocharis Belia*, *Zegris Fausti* und auf den kahlen Hügeln *Anthoch. Charlonia.* Viel mehr konnte ich auf den felsigen Bergen nicht finden; das Bemerkenswertheste war ein Stück von *Erebia Maracandica* Ersch. In den Blüthen einer hochrothen Tulpe fanden sich ausser zwei Species von *Amphicoma*, *Tortriciden* Raupen; wohl die von *Oxypteron impar Stgr.*, die in Südrussland die Blüthen von *Tulipa Gesneriana* bewohnen. Die mitgenommenen Raupen gingen auf der Weiterreise zu Grunde.

Nachdem ich endlich meine Bagage bekommen hatte, reiste ich sogleich weiter und zwar bis Bami in einer Arba. Die Fahrt in einem solchen Fuhrwerk ist in hohem Grade beschwerlich und anstrengend. An Stössen von allen Seiten fehlt es nicht. Glücklicher Weise traf ich in Bami noch eine armenische Familie an, welche nach Askhabad reiste und mir schon in Kisil-Arvat einen Platz in ihrem bequemen Reisewagen angeboten hatte. Da ziemlich langsam gefahren wurde, konnte ich, gelegentlich neben dem Wagen her — oder vorauslaufend, etwas sammeln. Aber ausser einigen trägen Melasomen und Rüsselkäfern, die unter Steinen lagen, war von Insekten nur wenig zu sehen. Doch glaube ich, einmal eine *Lycaena Anthracias* Chr. vorüberfliegen gesehen zu haben. In Artschman wurde ein längerer Halt gemacht und mir damit Gelegenheit zu einer Excursion gegeben. In den Umgebungen einer warmen Schwefelquelle waren hier die Raupen von *Ocnogyna Loewii* var. *pallidior* ziemlich häufig an verschiedenen Salzpflanzen. Der Weg bis Askhabad geht stets in nicht grossen Abständen vom Gebirge hin, welches bei Gök-Tepe kaum 8000 F. hoch sein mag. Es ist kahl, wenigstens auf der Nordseite, hat aber im Innern öfters mit Gebüsch bewachsene Schluchten. Bei Askhabad erhebt es sich wohl bis über 10,000 F., was ich daraus schliesse, dass einzelne Schneestreifen bis über den halben Mai sichtbar blieben.

In Askhabad wurde mir seitens der Militärverwaltung eine geräumige Kibitka, wie sie hier noch meistentheils von den Officieren benützt werden, zur Verfügung gestellt. Wenn es nicht heiss ist, wohnt man darin ganz erträglich, aber bei der hier bald eintretenden hohen Temperatur, ist es kaum möglich am Tage darin zu sein und sich zu beschäftigen. Askhabad, eine im Entstehen begriffene Stadt, hatte als früherer Hauptwohnplatz der Tekke ausgedehnte und wohlgepflegte Baumgärten. Leider wurden dieselben bis auf wenige Reste durch Abhauen der Obst-und anderen Bäume zu Brennholz durch die Soldaten zerstört. In diesen einstigen Gärten hielten sich vorwiegend die gewöhnlicheren, im ganzen europäischen Gebiete vorkommenden Schmetterlinge auf. In der Nähe von Askhabad war die ergiebigste Fangstelle eine Gruppe von niedrigen Mergelhügeln, wo, wenigstens den April hindurch, eine ziemlich mannigfaltige Vegetation war. Die ebene Steppe war, wie schon erwähnt, recht arm an Insekten, so dass besonders der Tagfang oft sehr wenig befriedigende Resultate lieferte. Gegen Ende Mai war hier fast Alles verdorrt; nur da, wo *Alhagi Camelorum* wuchs, wurde das Auge durch frisches Grün erfreut, und auch nur an dieser Pflanze und am Boden unter derselben waren zu dieser Zeit verschiedene Insekten zu finden. Die Blüthen wurden von Lycaenen und andern Tag-und Nachtfaltern besucht und am Boden liefen im Schutze dieses Halbstrauchs die grossen Raubkäfer *(Anthia Mannerheimi)* nach Beute umher. Leider aber wurden bald nach meiner Ankunft die näher bei Askhabad gelegenen *Alhagi*-Fluren ohne Grund von den Soldaten in Brand gesteckt. Dem von Askhabad circa 20 Werst entfernten Kopetdagh zunächst zeigte die Steppe eine recht üppige Vegetation. Grosse Umbelliferen mit breiten Blättern, über mannshohe, über und über mit weissen Blüthen bedeckte *Crambe*-Stauden, verschiedene Astragaleen, strauchartige *Convolvulus*-Arten, *Verbascum*, *Anthemis*, *Anthericum*, *Gladiolus*, *Allium* und manche andere Zwiebelgewächse gewährten durch bunte Mannigfaltigkeit und reiche Blüthenfülle einen grossen Reiz. Dieselben und noch viele andere Pflanzen bedecken die Hügel und Schluchten. Schildkröten, grosse Schlangen *(Vipera)* halten sich hier im Schatten der breitblättrigen Pflanzen verborgen. Die höheren Abhänge sind mit üppigem Grase bedeckt und zeigen schon einen fast subalpinen Charakter. Noch höher hinauf treten die auch dem persischen Alburs eigenthümlichen Stachelpflanzen, *Acantholimon*, *Astragalus*, *Acanthophyllum* und vereinzelte Bäume von *Juniperus excelsa* auf. In den felsigen Schluchten und an den Abhängen kommen vereinzelte *Celtis australis*, *Acer*, Feigen und andere Sträucher vor. Im Vergleich mit dem persischen Albursgebirge ist der Kopetdagh arm an Insekten. Das hat vielleicht zum Theil seinen Grund in dem periodischen Abbrennen des Grases durch die Einwohner.

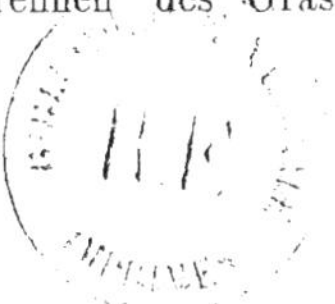

In der ersten Woche des Juni verliess ich Askhabad und reiste bis Artschman zurück; von hier aus ritt ich nach einem etwa 20 Werst entfernten, im Gebirge oberhalb des Dorfes Nuchur befindlichen Kosakenlager, wo ich zwei Wochen blieb. Die Bedingungen dieses circa 7000 F. hoch gelegenen Platzes waren für Insekten günstig. Es fehlte nicht an einer recht verschiedenartigen und oft üppigen Vegetation. Die Umgebungen des Lagers bestanden aus Wiesen, theils kahlen, theils mit Gebüschen oder Kräutern bedeckten Hügeln, Schluchten und Thaleinschnitten. Etwa 1000 F. tiefer waren breitere Thäler mit der Vegetation der Salzsteppe; hier gab es viele Schmetterlinge, die ich beim Lager nicht beobacht hatte. Nach Verlauf von zwei Wochen reiste ich, da der Fang, der eintretenden Hitze wegen, nicht mehr lohnend erschien, über Krasnowodsk nach Baku zurück.

Aufzählung der gesammelten Arten.

1. Papilio Machaon L. — Askhabad; ein ziemlich grosses ♀.

2. Aporia Crataegi L. — Das einzige, am Fusse des Kopetdagh bei Askhabad gefangene ♀ gleicht sehr der *A. Hippia* Brem., hat aber keinen gelben Basalfleck auf der Unterseite der Hinterflügel; auch die Gestalt der Mittelzelle der Hinterflügel ist die von *Crataegi.*

3. Pieris Rapae L. — Von Askhabad; gewöhnliche Form.

4. Pieris Brassicae L. — Wurde einige Mal in einer Schlucht des Kopetdagh beobachtet.

5. Pieris Daplidice L. — Die am 18. April bei Kisil-Arvat und später bei Askhabad gefangenen Stücke sind ziemlich gross, wie sonst die Sommergeneration sie hervorbringt. Bei Nuchur fing ich zu Anfang Juni einige Stücke der

6. var. **Raphani** Esp.

7. Anthocharis Belia var. **Pulverata** Chr. — *Alarum anticarum maculae apicales albae conjunctae; subtus posticarum maculae plures minores nitentes albae.*

Diese Varietät unterscheidet sich von der typischen *Belia* besonders dadurch, dass stets die drei weissen Flecke in der schwarzen Vorderflügelspitze zusammenhängen, wodurch eine Art von Binde entsteht. Auch ist das Schwarz bei dieser Localform nie so gleichmässig weisslich bestäubt, wie bei *Belia* und *A. Tagis* var. *Bellezina* B., vielmehr ist die weisse Bestäubung gröber; oft ist das Schwarz aus deutlichen Querstricheln gebildet. Der Mittelfleck am Schlusse der Mittelzelle gleicht beim ♂ dem von *Belia*, aber beim ♀ ist er dicker und fast rautenförmig gestaltet. Die Unterseite entbehrt jeder Spur von Gelb; die rein weissen Flecke sind grösser und zahlreicher und haben etwas Glanz. Der Schmetterling flog im April bei Kisil-Arvat in den grasigen Schluchten der vordersten Hügel. Auch bei Askhabad war er nicht besonders selten. Im Jahre 1874 fing ich mehrere ganz gleiche Stücke bei Krasnowodsk und im Jahre zuvor 1 ♀ bei Schahrud in Nord-Persien.

8. Anthocharis Charlonia Donz. — Sie flog am 18. April nicht selten auf den kahlen Vorhügeln des Gebirges bei Kisil-Arvat.

9. Anthocharis Tomyris Chr. (Pl. VI. fig. 1 a, b. ♂ et ♀) — *Alis sulphureis basi nigricantibus subrotundatis, macula cellulae discoidalis ♂-is triangulari, ♀-ae permagna subrotundata apiceque nigricantibus; posticis ♀-ae flavosulphureis fascia submarginali nigricante, ciliis omnium rubescentibus;*

subtus anticis pallidioribus, macula discoidali et apice flavovirescentibus, posticis virescentibus punctis duobus, uno ad marginem anteriorem, altero medio albidis.

Exp. al. ant. 22 mm.

Diese sehr interessante neue Art reiht sich der *A. Charlonia* var. *Levaillantii* Luc. an. Sie ist von dieser gut durch ihre Grösse unterschieden, so wie durch den dreieckigen Diskoidalfleck des ♂ und die schwärzlich grau-grüne Unterseite der Hinterflügel.

Die Farbe der Flügel ist beim ♂ ein helles Schwefel-gelb. Der Vorderrand ist röthlichweiss, reichlich mit schwarzen Schuppen überlagert. An der Wurzel der Vorderflügel und in grösserer Ausdehnung auf den Hinterflügeln bilden reichlich aufgelagerte schwarze Schuppen einen dunklen Schatten. Der Diskoidalfleck hat eine dreieckige Gestalt und seine nach aussen gerichtete Seite ist eingebuchtet; die Flügelspitze ist in ähnlicher Ausdehnung, wie bei *Levaillantii*, schwärzlich, aber ohne eine Spur von gelben Flecken im dunklen Grunde. Am Vorderrande sind vor der Spitze 3 gelbliche Fleckchen. Das ♀, mit etwas mehr abgerundeten Vorderflügeln, hat weissgelblichen Flügelgrund. Der Diskoidalfleck ist hier unförmlich gross, schräg gerichtet, oben mit breiter Basis am Voderrande hängend, unregelmässig viereckig, mit abgerundeten Ecken. Die schwärzliche Färbung der Flügelspitze zieht sich hier bindenartig bis gegen den Innenwinkel. Die Hinterflügel haben ein etwas gesättigteres Gelb (fast wie bei dem ♀ von *A. Damone* Feisth.) und eine ziemlich breite, aus schwarzen Schuppen bestehende Binde vor dem Saume, die bis über die halbe Flügelbreite reicht. Die Franzen aller Flügel sind unrein rosafarben.

Auf der Unterseite sind die Vorderflügel bleicher gelb, nur an der Basis längs des Vorderrandes bis zum Mittelfleck schwefelgelb. Fleck und Flügelspitze sind grau-grün. Ebenso sind die Hinterflügel, die nur in der Mitte des Vorderrandes und in der Flügelmitte einen weisslichen Punkt haben. Beim ♀ ist auf der Unterseite im unbestimmt abgegrenzten Mittelflecke der Vorderflügel ein weisslicher Punkt bemerkbar.

Von dieser höchst interessanten Species erbeutete ich 4 ♂ und 1 ♀ Mitte April bei Askhabad, wo sie auf den nahen Mergelhügeln unweit der Stadt an einer gelbblühenden Crucifere sich zeigten.

10. **Anthocharis Pyrothoë** Ev. — 1 ♂ von Kisil-Arvat.

11. **Zegris Fausti** Chr. — Ich fing diese schöne Art in einigen Stücken bei Kisil-Arvat in den Steppenschluchten nächst den Bergen und bei Askhabad.

12. **Colias Erate** Esp. — Wenige ♀♀ bei Nuchur im Juni gefangen.

var. **Helichta** Ld. — Askhabad 1 ♀.

13. **Colias Edusa** Fab. — Einzeln bei Nuchur.

14. **Colias Aurorina** HS. — Die schon ziemlich abgeflogenen ♂♂ gleichen den persischen und transkaukasischen, die ♀♀ aber, eine rothe Form, sind lichter gelbroth, mit ziemlich breitem schwefelgelbem Vorderrande der Flügel und zahlreicheren und grösseren gelben Flecken im schwarzen Saume. Der Schmetterling flog im Juni bei Nuchur.

15. **Rhodocera Rhamni** L. — Einzeln bei Nuchur, die daselbst gefangenen Exemplare sind ziemlich klein.

16. **Thecla Lunulata** Ersch. — Nur 1 ♀ von Nuchur.

17. **Polyommatus Phoenicurus** Ld. — Ich fing diese Art unterhalb Nuchur in einem trockenen Bachbette und auch ein Mal bei Artschman. Ganz gleich den Exemplaren von Nordpersien.

18. **Polyommatus Thersamon** Esp. — 1 gewöhnliches Stück bei Göktepe gefangen.

19. Polyommatus Phlaeas L. — 1 ♂ im April bei Göktepe ist die gewöhnliche Form.

20. Cigaritis Acamas Klug. — 1 ♀ in den Gärten von Askhabad im Mai gefangen, gleicht genau meinen Stücken von Schahrud in Persien. Dagegen zeichnen sich die Exemplare, welche ich am 18. Juni oberhalb Nuchur fing, durch ihre Grösse und dunkle Färbung aus.

21. Lycaena Baetica L. — Von Nuchur und Krasnowodsk.

22. Lycaena Trochilus Frr. — Im Mai selten bei Askhabad.

23. Lycaena Torgouta Alph. — Diese schöne Art war bei Nuchur nicht gerade selten, aber grossentheils abgeflogen oder zerrissen. Sie fliegt stets auf kahlen, von Vegetation beinahe entblössten Erdstellen, doch nie an Abhängen. Im Juni. Ich habe diese Art schon 1878 in der Umgegend von Schahrud in einigen, dieser gleichenden Stücken gefangen.

24. Lycaena Loewii Z. — Selten bei Nuchur zu Anfang Juni. Die hier gefangenen Stücke gleichen genau den kleinasiatischen und armenischen, deren schönes Blau sie haben, während die Exemplare von Schahrud ein bleicheres Violettblau zeigen.

25. Lycaena Christophi Stgr. (Pl. VI, fig. 2 a, b. ♂ et ♀). — Nicht häufig bei Askhabad, häufiger bei Durun und auf halbem Wege nach Artschman; an *Alhagi* im Juni.

26. Lycaena Zephyrinus Stgr. (Pl. VI, fig. 3 a, b. ♂ et ♀). — Im Mai bei Askhabad in den kräuterreichen Schluchten am Fusse des Gebirges. Die wenigen hier gefangenen Stücke zeichnen sich durch ihre Grösse von den später bei Nuchur gesammelten aus.

27. **Lycaena Miris** Stgr. (Pl. VI, fig. 4 ♂). — Recht grosse Stücke bei Askhabad in der Steppe nächst dem Gebirge. Sie setzten sich meist an die Blüthen eines *Convolvulus*. Im Gebirge flog diese *Lycaena* nicht. Ich habe sie früher auch einzeln bei Schahrud gefangen. Die Exemplare von dort sind kleiner und die feine weisse Linie vor dem Saume am Innenrande der Hinterflügel ist deutlicher.

28. **Lycaena Eurypylus** Frr. — Ziemlich häufig bei Nuchur.

29. **Lycaena Baton** Bgstr. — Artschman und Nuchur.

30. **Lycaena Panagaea** HS. — Einzeln bei Nuchur gefangen.

31. **Lycaena Astrarche** Bgstr. — Askhabad. Ein grosses ♀.

32. **Lycaena Icarus** var. **Persica** Bienert. — Sie war in den Gärten und in der Steppe bei Askhabad und auf dem ganzen Wege bis Artschman nirgends selten. Die ♀♀ variiren auffallend; neben den gewöhnlichen braunen kommen blaue Weibchen in allen möglichen Nuancen vor.

33. **Lycaena Amanda** Schn. — Bei Nuchur. Ziemlich gross.

34. **Lycaena Kindermanni** Ld. — Die einzigen zwei bei Nuchur gefangenen Männchen stimmen nicht ganz mit meinen kleinasiatischen überein.

35. **Lycaena Glaucias** Ld. — Nicht selten bei Nuchur in den nächsten Umgebungen des Lagers.

36. **Lycaena** bei **Iolas** O. — 2 sehr beschädigte ♂♂ unterscheiden sich von dieser Art, ausser ihrer geringen Grösse, durch den breiteren schwarzen und deutlicher gegen das Blau

abgegrenzten Aussenrand. Auch ist das Blau weniger bleich. Auf der Unterseite sind die schwarzen, rein weiss umzogenen Flecke vor dem Aussenrande bedeutend dicker und der blaue Anflug auf den Hinterflügeln von der Wurzel bis zum Mittelstrich verbreitet.

37. **Limenitis Camilla** Schiff. — Mehrere ziemlich kleine Stücke von Nuchur.

38. **Grapta Egea** Cr. — Einzeln in den Felsschluchten des Gebirges bei Askhabad.

39. **Vanessa Cardui** L. — Askhabad.

40. **Melitaea Phoebe** Knoch var. — Die wenigen, meistens abgeflogenen Exemplare weichen sehr von *Phoebe* ab und lassen mich die mir der Beschreibung nach ganz unbekannte *Casta* Koll. vermuthen.

41. **Melitaea Persea** Koll. — Auf den vordersten Hügeln des Kopetdagh bei Askhabad und Artschman nicht besonders selten im Mai und Anfang Juni.

42. **Melitaea Dalmatina** Stgr. — Die ich für verschieden von *Persea*, oder aber als deren Varietät ansehe, flog einzeln in den ersten Tagen des Juni bei Nuchur.

43. **Argynnis Lathonia** L. — 1 grosses ♀ von Nuchur.

44. **Argynnis Niobe** L. — Mehrere bei Nuchur gefangene Exemplare sind sehr hell rothgelb und mit kleineren Flecken, als sonst gewöhnlich.

45. **Argynnis Pandora** Schiff. — Nicht selten im Gebirge bei Askhabad und Nuchur.

46. **Melanargia Japygia** var. **Caucasica** Nordm. — Diese bei Nuchur im Juni häufige Art unterscheidet sich von allen kaukasischen Stücken durch geringere Grösse.

47. **Erebia Maracandica** Ersch. — Von dieser, wie es scheint, sehr seltenen Art fing ich ein einziges ♂ bei Kisil-Arvat am 18. April auf einem kahlen felsigen Hügel.

48. **Erebia afra** var. **Dalmata** God. — Sie flog einzeln auf den höheren mit üppigem Grase bewachsenen Abhängen des Gebirges bei Askhabad, war aber grösstentheils sehr abgeflogen.

49. **Satyrus Anthe** var. **Enervata** Alph. und ab. **Analoga** Alph. — Bei Askhabad und Nuchur häufig. Unter den eingesammelten Stücken kommen ♂♂ vor, die beinahe eben so rothbraun gefleckt sind wie die ♀♀ der ab. *Analoga*.

50. **Satyrus Semele** L. — Nuchur.

51. **Satyrus Pelopea** var. **Persica** Stgr. — Diese Varietät flog nicht selten im Gebirge bei Nuchur. Sie hat ein etwas lebhafteres Rothgelb als die persischen und armenischen Exemplare.

52. **Satyrus Telephassa** Hb. — Nicht selten bei Nuchur.

53. **Satyrus Parisatis** Koll. — Nur 1 ♂ von Kisil-Arvat, im Juni gefangen.

54. **Satyrus Actaea** var. **Amasina** Stgr. — Flog vom 16. Juni an bei Nuchur (die Var. *Parthica* Ld. habe ich nicht bemerkt).

55. **Pararge Menava** Moore (*Nasshreddini* Chr.). — Einzeln auf Felsgraten des Kopetdagh bei Askhabad im Mai.

56. **Pararge Megaera** L. — Mit voriger zusammen.

57. **Epinephele Davendra** Moore. — Diese Art, wozu als kleinere Lokalform die auch ausser der Grösse etwas verschiedene *Comara* Ld. gehört, fing ich in 2 Stücken bei Nuchur in einer Felsschlucht. Sie kommt auch bei Ferganah vor.

58. **Epinephele Dysdora** Ld. — Nicht selten bei Nuchur.

59. **Epinephele Narica** Hb. — Unterhalb Nuchur bei etwa 4—5000 Fuss in einem Thale und an den Abhängen der niedrigen in die Steppe ausgehenden Mergelhügel. Die ab. *Naricina* Stgr. scheint hier nicht vorzukommen.

60. **Epinephele Interposita** Ersch. — Häufig bei Nuchur.

61. **Epinephele Lycaon** var. **Lupinus** Costa. — Nur diese Varietät flog bei Nuchur.

62. **Coenonympha Pamphilus** L. — Bei Askhabad in den unteren felsigen Schluchten des Kopetdagh, im April.

63. **Spilothyrus Althaeae** var. **Baeticus** Rbr. — Kam einzeln in Felsschluchten bei Nuchur vor.

64. **Syrichthus Sidae** Esp. — Bei Nuchur nicht selten im Juni.

65. **Syrichthus Serratulae** Rbr. — Nuchur.

66. **Syrichthus Staudingeri** Spr. (Pl. VI, fig. 7). — In einem trockenen Bachbette bei Nuchur flog diese Art in einzelnen Exemplaren. Die wenigen gefangenen Stücke sind etwas heller als die Turkestaner.

67. **Nisoniades Marloyi** B. — Bei Nuchur einzeln.

68. **Hesperia Thaumas** Hufn. — Sehr häufig bei Nuchur.

69. **Hesperia Ahriman** Chr. (Pl. VI, fig. 5 a, b. ♂ et ♀). — *Alis fuscis, ad basin anticarum, vitta media et inferiore parte posticarum virescente brunneis, maculis lutescentibus tribus acutis triangularibus, macula in medio serieque punctorum albidorum ante apicem, subtus anticis disco fusco, costa apice et posticis unicoloribus lutescente griseis.*

Exp. al. ant. 17 mm.

Von der dieser ähnlichen *H. Alcides* HS. durch geringere Grösse, etwas schmälere Hinterflügel und die grösseren dreieckigen, mit ihrer Spitze nach innen gerichteten Flecken, die dem Mittelflecke näher stehen, als bei *Alcides*, so wie durch die strahlenförmig stehenden Streifen, gelblich olivenfarbenen Haarschuppen und den grauen Grund der Unterseite der Hinterflügel verschieden.

Die Augen sind weisslich eingefasst; auch die Palpen, Brust, Beine und Bauch sind weisslich. Der Flügelgrund ist oben dunkelbraun [1]). An der Wurzel haben die Vorderflügel einen unbestimmt abgegrenzten Wisch von grünlich gelbbrauner Behaarung. Auf den Hinterflügeln ist ein dicker Mittelstrahl oder Wisch, so wie der Innenrand in ziemlicher Breite, auch heller, als der Grund, behaart. Die Vorderflügel haben ein unbestimmt dreieckiges Mittelfleckchen. Nicht weit davon, unterhalb desselben, etwas mehr nach aussen, sind zwei, nur durch die Flügelrippe getrennte weissgelbe Flecke, von welchen der kleinere obere nach innen abgerundet, der untere grössere spitz dreieckig ist. Ziemlich weit vorder Spitze stehen 4 schräg nach aussen gerichtete gelblich weisse Punkte [2]). Der Costalrand und die Franzen sind röthlich grau.

Auf der Unterseite ist der Diskus der Vorderflügel dunkel rauchbraun (dunkler als bei *Alcides*). Die Flecke sind lebhafter gelb, aber weniger scharf abgegrenzt. Der Vorderrand, Flügelspitze und Hinterrand, so wie die Hinterflügel, sind gelbgrau.

Ich fing Anfangs Juni etwa 10 mehr oder minder reine Stücke in dem trockenen Flussbette eines tiefer als Nuchur gelegenen Thales.

---

[1]) Dunkler als bei *H. Alcides*.

[2]) Bei *Alcides* sind es nur 3 dickere Punkte, welche weniger nach aussen gerichtet sind.

70. Deilephila Livornica Esp. — Ziemlich häufig bei Nuchur.

71. Sesia Zimmermanni Ld.—1 Paar von Nuchur unterscheidet sich von persischen Stücken durch lebhafteren metallisch-grünen Glanz des Körpers, weissere Längsstreifen des Thorax und bleicheres Roth der Flügel. Auch die Fühler sind dunkler, mit blauem Schimmer.

72. Zygaena Smirnovi Chr. (Pl. VI, fig. 6 a, b. ♂ et ♀). *Alis anticis coeruleo-nigris, maculis tribus confluentibus, una breviori acute-elliptica, e basi ad costam, altera inferiori postice rotundata, tertia lata securiformi disci postice dentata puniceis; posticis totis puniceis, nigrociliatis.*

♂ ♀ Exp. al. ant. 16—16½ mm.

Man kann diesen Schmetterling eben so gut mit *Z. Erythrus* Esp., wie auch mit *Cambysea* Ld. vergleichen. Mit ersterer Art hat er die Anlage der Zeichnung gemein, an letztere erinnert die scharfe Abgrenzung der Flecke.

Die Flügelgestalt ist fast ebenso, wie bei *Cambysea*. Fühler schwarzblau. Die etwas rauhe Behaarung vom Kopf und Oberleib überdeckt die glättere blaugrüne, etwas glänzende Beschuppung beim ♂ fast vollständig, während sie beim ♀ beinahe fehlt. Fühlerkolben ziemlich dick, mässig abgestumpft. Vorderflügel bläulich schwarz. Die Flecken sind hell karminroth, wie bei *Cambysea*. Sie haben eine ähnliche Gestalt, wie die von *Erythrus*, *Pilosellae* und den verwandten Arten, hängen aber viel inniger zusammen, da sie nicht durch dunklere Rippen getrennt werden. Der vorderste elliptische beginnt an der Basis und erreicht, spitz auslaufend, nicht die Mitte des Vorderrandes, welcher, deutlich sichtbar, schwarz bleibt (bei dem ♀ ist er mit gelblichen Schuppen bekleidet). Der Mittelfleck, der an der in sehr geringer Ausdehnung schwarzen Basis seinen Anfang nimmt, verläuft fast gerade, nicht über die Flügelmitte reichend und ist am Ende abgerundet [1]. Der dritte, keil-oder beilförmige Fleck zwischen beiden, ist vor der Spitze sehr breit, noch breiter, als bei *Erythrus*, und nach aussen fünffach gezackt und eben so scharf gegen den Flügelgrund abgegrenzt, wie dies bei *Cambysea* der Fall ist [2].

Hinterflügel blassroth mit schwarzblauen Franzen.

Unterseite bleicher, als oben, sonst nicht verschieden. Ich fing den Schmetterling in einer kleinen Anzahl auf einer Gebirgswiese bei Nuchur vom 16.—20. Juni, wo er gewöhnlich an den Stengeln eines *Eryngium* ruhte.

73. **Axiopoena Maura** Eichw. — Nur einmal fing ich Nachts bei Nuchur ein sehr grosses ♂, das sich von den früher bei Krasnowodsk gesammelten durch seine Grösse und schöneres Roth auszeichnet und hierin einem 1880 bei Ardanutsch in Adscharien gefundenen Stücke gleich kommt.

74. **Arctia Maculosa** var. **Mannerheimii** Dup. — Ich fing einige ♂♂ bei Nuchur an der Lampe. Ganz gleich an Grösse und Färbung einem Exemplare aus Hadschyabad in Nord-Persien.

75. **Ocnogyna Loewii** var. **Pallidior** Chr. (Pl. VII, fig. 1 a, b).

Alis pallide-fuscis. Anteriorum fasciis rufescente-albidis; posticarum sordide rufescente-albidarum macula basali mediisque parvis obsoletis; maculis magnis antemarginalibus fuscis.

Ohne Zweifel gehört dieser Schmetterling als Varietät zu *Loewii* Z., von welcher er sich in folgender Weise unterscheidet. Wie es scheint, hat Lederer seine *Clathrata-Loewii* nach einem

---

[1] Bei *Erythrus* ist er auf seiner Unterseite mehr gekrümmt und am Ende stumpf abgeschnitten, nicht abgerundet.

[2] Bei *Cambysea* ist aussen dieser Fleck ziemlich gerade abgeschnitten, ohne eine Spur von Zacken und steht als rundlicher Fleck vollkommen gesondert von den beiden anderen.

nicht ganz frischen Exemplare aufgestellt, an welchem die lange Behaarung des Hinterleibes theilweise abgerieben war. Bei den beiden mir vorliegenden, gezogenen Exemplaren ist der ganze Körper mit langer rauher Behaarung bedeckt, die am oberen Theile des Hinterleibes schwarzbraun, sonst aber röthlichweiss ist. Im Bilde der *Loewii* (Lederer. Syr. Schmetterlinge. Zool. Bot. Verein, 1855, p. 202. T. 2 fig. 7) sind die Schulterdecken deutlich weiss eingefasst und auch auf der Mitte des Halskragens ist ein weisser Strich; bei der var. *Pallidior* aber mischen sich in die lange Behaarung der Schulterdecken graue und schwarze Haare, so dass der ganze Thorax unbestimmt röthlich grau und schwärzlich gemischt erscheint. Der braune Flügelgrund ist nicht schwarzbraun, sondern rindenbraun, die Streifen röthlich graugelb und, was die Abbildung der *Loewii* nicht zeigt, die Rippen der oberen Hälfte der Vorderflügel ebenso gefärbt.

Die Hinterflügel, die bei var. *Pallidior* dieselbe Farbe wie die Binden der Vorderflügel haben, also ein unreines Röthlichgrauweiss, haben nur verloschene Spuren der inneren Fleckenbinde der *Loewii*, wärend die Flecken vor dem Saume grösser, aber etwas lichter schwarzbraun sind.

Von diesem Schmetterling war im April bei Artschman und Askhabad die Raupe an sehr verschiedenen niederen Pflanzen häufig. Ihre Zucht war schwierig. Die Mehrzahl ertrug, trotz sorgsamer Pflege, die Gefangenschaft nicht. Die erhaltenen Puppen haben aber jedenfalls auf der Rückreise durch die unvermeidlichen Stösse des Fuhrwerks gelitten, denn im September und Anfang October kamen ausser einigen Ichneumoniden und Tachinen, mehrere verkrüppelte und nur 2 gute ♂♂ aus.

Die Raupe ist etwa 28 mm. lang und 6 mm. dick, schwarzgrau, dunkler braun marmorirt, mit gelblich weisser Rückenlinie, die aber nur auf den ersten drei Segmenten eine zusammenhängende Linie bildet, dann aber nur als kurzer Strich auf jedem Gelenk sichtbar wird. Eine aus dicken schräg abwärts gerichteten Längsflecken gebildete Seitenlinie von gelbgrauer Farbe ist meistens vorhanden, aber oft recht wenig bemerkbar.

Kopf schwarzbraun, glänzend. Die Brustbeine sind gelbbraun, weisslich geringelt. Bauchbeine schmutzig rosafarben. Auf den schwarzen Warzen stehen mässig lange fuchsrothe Haare ziemlich dicht. Oft aber sind nur die Rückenhaare rothgelb und die an der Seite weisslich, stets jedoch mit einigen gelben Haaren untermischt. Sie verpuppt sich in der Erde ziemlich nahe der Oberfläche und die glatte rothbraune Puppe ruht in einem leichten Erdgehäuse. Der Schmetterling entwickelte sich im September und Anfangs Oktober.

76. Hypopta Mucosus Chr. (Pl. VII, fig. 2). — *Alis anticis fuscis, albide-mixtis, venis, inferiore transversalique cellulae discoidalis, maculis nonnullis adjucentibus strigae posticae subdentatae nigrae, albis, striolis duabus mediis punctisque anteapicalibus limbalibusque nigris, ciliis albis, fusco alternatis; posticis nigricantibus, ciliis dimidio basali lutescentibus, fuscescente alternatis, externe albidis.*

♀ Exp. al. ant. 2 ♀♀ 17 mm.

Aus der Verwandschaft des *H. Caestrum* Hb.; hat aber entschieden schwärzlichbraunen Flügelgrund und eine Zeichnung, die mehr an *Zeuzera Paradoxa* HS. erinnert.

Die Fühler sind ziemlich dick, von kaum halber Vorderrandslänge, borstenförmig, äusserst kurz bewimpert. Palpen mit rauher, grauer, braungemischter Behaarung, Brust und Beine weisslich, unbestimmt graubraun melirt, mit rauher abstehender Behaarung. Thorax weisslich, mit schwarzbrauner Beimischung. Hinterleib gelbgrau, etwas glänzend behaart mit weit vortretender Legeröhre.

Vorderflügel dunkel graubraun, mit reichlicher weisslicher Beimischung. Der Vorderrand ist weisslich, mit dunkelbraunen, gegen die Spitze schwärzlichen Fleckchen und Strichelchen. Die Vorderrandsrippe, die untere Rippe der Mittelzelle und ein dieselbe abschliessendes Mondfleckchen sind weiss, ebenso ein unbestimmter Wisch an der Basis nach dem Innenrande. Von dem letzteren oberen Ende geht, unterbrochen von dem dunklen Flügelgrunde, ein etwas gekrümmter, weisser Strich nahe dem Vorderrande hin. In der Mittelzelle sind zwei zu einer V-ähnlichen Figur vereinigte schwarze Querstriche. Den Saumtheil schliesst eine schwarze, schwach gezackte Querlinie ab, welche am Vorderrande, wenig vor der Spitze beginnend, ungefähr parallel dem Hinterrande, bis in die halbe Flügelbreite reicht; hier, wo ein rundlicher weisser Fleck eingelagert ist, bricht sie ab, um weiter einwärts, in schrägerer Richtung bis gegen den Innenrand fortzusetzen. Hier, von beiden Seiten von Weiss umgeben, vereinigt sie sich mit den Spuren einer inneren Querlinie. Ausser dem schon erwähnten grösseren weissen Fleck sind im Saumfelde noch 3—4 kleinere weisse Flecke. Das Saumfeld hat einen etwas heller graubraunen Flügelgrund. Der Saum ist weiss, mit kurzen schwarzen Strichelchen zwischen den Rippen. Die auf der Innenhälfte gelblichen, ausserhalb weissen Franzen haben eine unterbrochene schwärzliche Theillinie und sind auf den Rippen schwärzlich gescheckt. Die Hinterflügel sind schwärzlichgrau, an der Wurzel gelblich behaart mit eben solchen, aber nur sehr undeutlich gefleckten Franzen.

Auf der Unterseite sind die Vorderflügel im Diskus schwärzlich, am Vorderrande und im Saumtheil weisslich gemischt. Die Hinterflügel sind ziemlich gleichmässig grau und weiss gemischt, mit schwärzlichen Rippen. Von dem, wie es scheint sehr seltenen Schmetterling fand ich das eine Stück am 10. Mai bei Askhabad an einem dürren Pflanzenstengel ruhend, das andere fing ich am 11. Juni bei Nuchur am Licht.

77. Endagria Agilis Chr. (Pl. VII. fig. 3 a, b. ♂ et ♀).— *Antennis bipectinatis, alis anticis ♂-is albide-griseis, brunneo-fusco obnubilatis, cellula discoidali maculaque post medium infra venis nigris, albidis, ciliis albidis, fusco-alternatis; posticis lutescente-griseis.*

Exp. al. ant. ♂ 14 — 18, ♀ 18 mm.

Von dieser ansehnlichen Endagria wurden gegen 30 Stück von mir und Herrn Eylandt, einem eifrigen angehenden Sammler, Nachts bei der Lampe am Fusse des Gebirges gefangen. Da der Schmetterling sich nur da zeigte, wo eine *Anthericum*-Art reichlich wuchs, so vermuthe ich, dass die Raupe in den Zwiebeln dieser Pflanze lebt. Das einzige ♀ fand ich an einem dürren Pflanzenstengel. Ein ziemlich abgeflogenes Stück dieser Art fing ich schon 1874 bei Krasnowodsk.

Wäre nicht das Flügelgeäder und die allgemeine Zeichnungsanlage der von *E. Ulula* Bkh. gleich, so würde ich wohl deren Einreihung in das Genus *Endagria* nicht gewagt haben, denn die Fühler weichen von denen der *E. Ulula* ziemlich bedeutend ab, indem sie beim ♂ fast eben so stark, zweireihig, kammzähnig sind, wie bei *Hyp. Thrips;* auch bei dem ♀ sind sie zweireihig und stark gewimpert. Der Thorax ist grau und schwarzbraun gemischt, die Schulterdecken weisslich, schwarzbraun gesäumt. Die Beine sind bis an die Fussglieder gelbgrau und schwarzbraun, rauh behaart, die Tarsenglieder gelbgrau, schwarzbraun geringelt.

Die Vorderflügel sind etwas mehr gestreckt, als bei *H. Caestrum*. Beim ♂ ist die Flügelfarbe ein unreines Weissgrau mit rauchbraunen Schattirungen Die Rippen sind besonders kräftig; die untere Rippe der Mittelzelle und die Anfänge der aus dieser hervorgehenden Rippen sind schwarz; in ihren Zwischenräumen ist die Ausfüllung dunkel graubraun. Die Mittelzelle nebst dem Costalrande und einem fast dreieckigen Fleckchen, zwischen Rippe 2 und 3, sind kreidigweiss. Am

Vorderrande vor der Spitze gehen die Rippen in zwei schwärzliche Franzenflecke aus; am Hinterrande sind die gelblichen, weisslich gemischten Franzen mit dunkler, unterbrochener Theilungslinie auf den Rippenausgängen.

Die Hinterflügel sind eintönig gelbgrau, die etwas helleren Franzen auf den Rippenenden lichtbraun gefleckt. Das ♀ hat ein gleichförmiges, reineres, weniger ins Braune ziehendes Grau. Die Rippen sind, mit Ausnahme der unteren der Mittelzelle, sowie der dahinter befindliche weissliche Fleck, weniger deutlich hervortretend. Der sehr lange Hinterleib mit weit vorgestreckter Legeröhre ist schwärzlich grau.

78. Endagria Clathrata Chr. (Pl. VII, fig. 4). — *Antennis bipectinatis. Alis anticis albide-griseis, fuscescente cancellatis et variis, maculis mediis duabus albidis; posticis unicoloribus lutescente-griseis, ciliis omnium concoloribus.*

Exp. al. ant. 10—11 mm.

Die gitterartige Flügelzeichnung unterscheidet diese, an Grösse die *E. Ulula* etwas übertreffende Art von letzterer und anderen Arten.

Die Fühler sind in beiden Geschlechtern zweireihig und stärker kammzähnig, als bei *Ulula*. Die sehr licht graubraune Behaarung von Kopf, Vorderrücken und Beinen ist lang abstehend.

Die Vorderflügel haben ein lichtes, ins Gelbliche ziehendes Weissgrau, welches jedoch zum grösseren Theile von dunklerem Graubraun, besonders in der Mitte des Flügels und am Vorderrande, mehr oder weniger deutlich gitterartig vertheilt ist. In der Mitte lassen sich zwei weissliche Flecke erkennen, die weniger deutlich als bei *E. Agilis* und *Ulula* sind; ein kleinerer am Schlusse der Mittelzelle und dahinter, mehr nach dem Innenwinkel gerichtet, ein grösserer von dreieckiger Form. Die braune Gitterzeichnung erstreckt sich auch über die lichtgrauen Franzen.

Die Hinterflügel sind einfärbig gelblich weissgrau mit gleichfarbigen Franzen.

Die Unterseite ist hellgrau; nur am helleren Vorderrande sind dunklere Querstriche und vor dem Saume ist etwas von der Netzzeichnung der Oberseite sichtbar.

Dieser Schmetterling wurde am 15. April an den Stationslaternen der Eisenbahn zwischen dem Michailow-Busen und Kisil-Arvat in beiden Geschlechtern gefangen. Später fing ich noch ein ♀ in der Nacht, auf dem Wege zwischen Kisil-Arvat und Bami.

79. **Endagria Salicicola** Ev. — Zwei ♂♂ von Nuchur, nicht verschieden von meinen Exemplaren aus Sarepta.

80. **Phragmatoecia Castaneæ** Hb. — Wurde öfters im Mai bei der Lampe gefangen, Askhabad.

var. **Albida** Ersch. — Wurde in einem Paare gefangen. Askhabad.

81. **Chondrostega Pastrana** var. **Hyrcana** (?) Stgr. (Pl. VII, fig. 5). — Ich fand in den ersten Tagen des Mai einige erwachsene Raupen auf den Mergelhügeln bei Askhabad an *Artemisia*. Die Zucht misslang.

82. **Lasiocampa Sordida** Ersch. — Einige ♂♂ fing ich Nachts bei der Lampe bei Askhabad. Die Raupe fand ich Ende Mai mehrmals an *Alhagi*. Bei Krasnowodsk kam sie in grosser Menge vor.

83. **Psyche Quadrangularis** Chr. — Die Säcke fand ich häufig in den ersten Tagen des Juli bei Krasnowodsk an verschiedenen Steppenpflanzen wie z. B. *Alhagi*, *Artemisia*, *Peganum*, *Kochia*, *Astragalus*.

84. **Harpyia Vinula** L. — 1 grosses ♂ von Nuchur.

85. Bryophila Raptricula Hb. — Sie war bei Askhabad und Nuchur Ende Mai und Anfang Juni gemein und kam in sehr verschiedenen und interessanten Aberrationen vor.

86. Bryophila Maeonis Ld. — Ein ♀ in der dunkleren, graubraunen Varietät von Nuchur.

87. Agrotis Orbona Hufn. — Nuchur, nur einmal.

88. Agrotis Flammatra F. — Sie war häufig zu Anfang Mai auf den Blüthen eines *Astragalus.*

89. Agrotis Simulans Hufn. — In derselben etwas lichteren Färbung, wie ich sie bei Schahkuh in Nord-Persien fing. Sie war, mit der vorigen zugleich, häufig an den Blüthen eines *Astragalus*, bei Askhabad, Anfang Mai.

90. Agrotis Forcipula Hb. — Nur ein ♂ von Nuchur, das sehr hell und schwach gezeichnet ist, bei dem sogar die den Halskragen bildenden Schuppen und die Schulterdecken ohne alle Zeichnung sind. Sollte diese Art in dieser Färbung allgemein vorkommen, so würde sie als Varietät einen besonderen Namen verdienen.

91. Agrotis Devota Chr. (Pl. VII, fig. 6). — *Alis anticis rufescente-griseis, strigis tribus, prope basin dimidiata, altera subdentata ante medium, altera post medium dentata nigro-fuscis, maculis ordinariis obsoletissimis lutescentibus; posticis nigricantibus basin versus dilutioribus, ciliis lutescentibus.*

Exp. al. ant. 17 mm.

Am nächsten kommt sie der etwas variabeln *Agr. Renigera* Hb., hat aber eine gleichmässige röthlichgraue Färbung, etwas bleicher, als bei *Agr. Defessa* Ld., deutlichere schwarzbraune gezähnte Querlinien und kleinere, kaum erkennbare Mittelmakeln. Auch mit *Agr. Grisescens* Tr. hat sie einige Aehnlichkeit; bei dieser jedoch ist die Färbung mehr grau und die anders gekrümmten Querlinien sind tiefer und viel regelmässiger ausgezackt; auch die Makeln sind verschieden. Die Fühler sind über $^2/_3$ des Vorderrandes lang, borstenförmig, kurz gelblich grau bewimpert, mit dicht gelblich grau beschuppten, etwas aus der Stirnbehaarung hervortretendem Basalgliede. Die röthlichgrau- und schwarzbraunen Palpen ragen wenig über die Stirn vor. Die Brust und die Beine an den Schenkeln sind lang behaart, gelblichgrau. Schienen dicht, aber anliegend beschuppt, graugelb, mit dunkleren Schuppen vermischt. Tarsen braun, nur das Enddrittel gelblich. Die beiden Dornenpaare der Hinterbeine sind mässig lang, etwas kürzer, als bei *Renigera*. Kopf, Thorax und Vorderflügel sind röhtlich gelbgrau (lehmfarben).

Auf den Vorderflügeln sind die nur wenig helleren Makeln kaum erkennbar. Von den 3 Querlinien steht die erste nahe an der Wurzel, bildet zwei Zacken und ist nur halb vorhanden. Die zweite, noch vor dem ersten Drittel des Vorderrandes anfangend, ist bis zur Subcostalis schräg auswärts gerichtet, biegt dann wurzelwärts und geht, zwei Auszackungen bildend, bei $^1/_3$ des Hinterrandes in diesen aus. Die dritte Querlinie, wie die beiden anderen fleckenartig verdickt am Vorderrande beginnend, krümmt sich anfangs etwas abwärts, geht dann in einem etwas grösseren Zacken nach aussen und bildet nun vier einander gleiche Auszackungen, worauf sie wieder, nach innen einbiegt und dann wiederum etwas nach aussen ziehend, den Innenrand erreicht. Am Saume stehen zwischen den Rippen, mit blossen Augen wenig bemerkbare schwarze Punkte, beiderseits etwas heller gelblich, als der übrige Grund, umgeben. Der Saum ist schwach wellig; in den langen, dem Flügelgrunde gleich gefärbten Franzen sind zwei bräunliche Theilungslinien, eine dickere innere und eine kaum erkennbare äussere.

Die Hinterflügel sind schwärzlichgrau nach aussen; nach innen etwas lichter. Die gelblichen Franzen haben hier nur eine deutliche Theilungslinie. Die Unterseite ist ähnlich, wie bei *Renigera*, nach aussen jedoch weniger dunkel; auf den Vorderflügeln bleibt der Saum ziemlich breit gelbgrau.

Zwei ♀♀ wurden am 19. Mai bei Licht am Fusse des Gebirges bei Askhabad gefangen.

92. **Agrotis Renigera** Hb. — Ich fing diesen Schmetterling bei Askhabad zugleich mit voriger Art, so wie auch im Gebirge bei Nuchur.

93. **Agrotis Contrita** Chr. (Pl. VII, fig. 8). — *Alis anticis sordide lutescente-griseis, strigis transversalibus fuscis, anteriore oblique posita, juncta cum postica sinuosa crenulata in margine inferiore, macula triangulari costae ante apicem fuscescente, ciliis lutescentibus fuscescente-alternatis; posticis nigricantibus.*

1 ♀ Exp. al. ant. 15 mm.

Erinnert an *Agr. Foeda* Ld., bei welcher aber die Vorderflügel schmäler, die Mittelmakeln deutlich sind und die Querlinien auf dem Innenrande in weitem Abstande getrennt bleiben. Die borstenförmigen Fühler sind mit weissgrauen Schuppen bekleidet. Kopf, Brust und Beine sind gelblich weissgrau, die Fussglieder oberseitig grösstentheils schwärzlichbraun, nur am Ende hell. Der Oberkörper und die Vorderflügel haben als Grund ein helles Bräunlichgrau. Auf diesen ist nahe an der Wurzel ein schwarzbrauner dicker Punkt. Vom ersten Drittel des Vorderrandes an geht in schräger Richtung eine öfters unterbrochene, und daher fleckenartig erscheinende Querlinie, zum Innenrande; vor diesem bildet sie eine grössere Zacke und ist hier mit der hinteren Querlinie vereinigt, die in der gewöhnlichen Krümmung ziemlich gleichmässig gezahnt ist. Am Vorderrande ist zwischen der hinteren Querlinie und Spitze ein dreieckiger graubrauner Fleck. Von den Mittelmakeln ist nur die unvollkommen dunkel umzogene Nierenmakel sichtbar.

Der Saum ist etwas wellig. Die ziemlich langen Franzen sind gelbgrau, graubraun gescheckt, mit dunklerer, unterbrochener Theilungslinie. Hinterflügel schwärzlich graubraun, an der Basis sehr wenig heller. Franzen gelblich. 1 ♀ wurde bei Nuchur am 16. Juni gefangen.

94. Agrotis Spinosa Stgr. (Pl. VII, fig. 7). — Diese Art fand ich zwar nicht in Tekke, sondern schon 1872 bei Krasnowodsk. Auch wurde sie einmal von A. Becker bei Astrachan gefangen. Die Abbildung kann nicht als besonders gelungen gelten, indem sie anstatt des kreidigweissen Colorits einen viel zu röthlichen Ton zeigt.

95. Agrotis Conspicua Hb. — Ich fand im April die Raupe nicht selten unter Steinen bei Kisil-Arvat und Askhabad.

96. Mamestra Sabulorum Alph. — Einige wohlerhaltene Stücke fand ich im Stationsgebäude der Eisenbahn am Michailow-Busen am 14. April.

97. Mamestra Albipicta Chr. (Pl. VIII. fig. 1). — *Alis anticis dilute-griseis, maculis, orbiculari alba, reniformi intus alba, tenuiter fusco circumscriptis, strigis, prima ante medium, obsoleta subdentata, secunda post medium dentata, postica albide limitata fuscis, linea undulata interrupta albida; posticis albidis, lunula media magna, nervis et postice nigricantibus.*

2 ♂♂ et 1 ♀ Exp. al. ant. 14 mm.

Steht der *M. Sodae*, *Irrisor* Ersch. und *Trifolii* nahe, ist aber von diesen sicher verschieden. Von Allen unterscheidet sie die weiss ausgefüllte Ringmakel, die weisse Begrenzung der hinteren Querlinie und auf den Hinterflügeln der dicke Mittelmond. Die ziemlich gerade nach vorn gerichteten Palpen ragen nicht über die Kopfbehaarung hinaus. Sie sind, so wie Kopf und Brust, mit langer, etwas zottiger, gelblicher Behaarung bedeckt. Die Tarsenglieder sind gelblichweiss, schwarzbraun geringelt. Die Fühler des ♂ sind borstenförmig, braun und weiss geringelt und weisslich, sehr kurz, bewimpert. Der Thorax mit etwas rauher Beschuppung ist gelbgrau, der Hinterleib etwas heller.

Die Vorderflügel haben als Grundfarbe ein lichtes Weissgrau, heller, als bei *Sodae*. Die Zeichnungen sind sämmtlich sehr deutlich, besonders beim ♂. Die am Ende stark abgerundete Zapfenmakel hört noch vor der vordersten Querlinie auf. Diese macht drei grosse Ausbiegungen. Die fein schwarzbraun umzogene Ringmakel ist weisslich ausgefüllt. Die grosse, theilweise schwarzbraun eingefasste Nierenmakel ist auf der Innenseite weisslich, ausserdem grossentheils bläulichgrau ausgefüllt [1]. Zwischen diesen Makeln ist der Raum etwas dunkler graubraun. Die äussere, wie gewöhnlich gebogene Querlinie ist deutlich, ziemlich regelmässig gezähnt, schwarzbraun, aussen weiss gesäumt. Beim ♀ ist diese Querlinie undeutlich und nicht weiss begrenzt. Die weisse, am Vorderrande vor halber Flügelbreite und vor dem Innenwinkel (bei dem ♀ besonders dunkel) angelegte Wellenlinie bildet ein wenig in die Augen fallendes liegendes W. Die Franzen sind lichtbraun; von den Rippenausgängen zieht ein weisser Strich hinein.

Hinterflügel weisslich, mit schwärzlichen Rippen, grossem, schwärzlichem Mittelmonde und nicht allzubreit schwärzlichbraun am Saumtheil; zwischen ihm und der schwarzen Saumlinie ist eine Reihe gelblicher Fleckchen. Franzen gelblichweiss, Unterseite weissgrau mit nach aussen etwas verdunkelten Rippen, grossem, schwarzbraunem (Nieren) Fleck, Mittelmond der Hinterflügel und deutlichen hinteren Querlinien. Bei dem aus Krasnowodsk stammenden ♀ meiner Sammlung ist die Zeich-

---

[1]) Darin hat sie mit *M. Accurata* Chr., welche auch z. Th. weiss ausgefüllte Mittelmakeln hat, einige Aehnlichkeit.

nung weniger scharf. 2 ♂♂ wurden unweit des Michailow-Busens an einer Bahnlaterne gefangen.

98. **Episema Antherici** Chr. (Pl. VIII, fig. 2 a, b). — *Antennis ♂-is bipectinatis ferrugineis, capite thoraceque dilute luteis. Alis anticis brunnescente luteis, maculis ordinariis magnis dilutioribus distincte circumscriptis, striga postica obliqua denticulata brunnea, umbra angusta nigricante ei parallela, area limbali dilutiore lutea, lineis duabus undulatis brunnescente luteis; posticis lutescente-albidis.*

Exp. al. ant. ♂-is 12, ♀-ae 15 mm.

Mit *Ep. Versicolor* Stgr. hat sie nur in der Zeichnungsanlage einige Aehnlichkeit; im Übrigen weicht sie von allen mir bekannten Arten ab. Das kleinere ♂ hat eben so stark gekämmte Fühler, wie *Glaucina* Esp., von einfärbig ochergelber Farbe. Die lang behaarten Palpen und Beine sind rothbraun. Brust und Bauch hell ochergelb. Ebenso ist beim ♂ der Vorderrücken gefärbt, während er bei dem grösseren ♀ schön hellgelb ist. Die Vorderflügel des ♂ sind ähnlich zugespitzt, wie bei *E. Versicolor*. Sie sind rothgelb, ein wenig bräunlich. Bei dem ♀ sind sie reiner gelb. Die Makeln treten sehr scharf hervor, da sie dunkel eingefasst sind und der Theil des Flügelgrundes, auf dem sie ruhen, beträchtlich dunkler ist. Die vordere Makel ist sehr gross, fast dreieckig, die hintere ein wenig schräg gerichtete Nierenmakel ist stumpf viereckig. Beide sind da, wo sie auf der unteren Rippe der Mittelzelle stehen, weisslich, ausserdem aber gelb ausgefüllt. Eine unvollständige Zapfenmakel zeigt sich als gelbes, braun umschriebenes Oval. Die das Mittelfeld abschliessende, hintere Querlinie ist ziemlich schräg gerichtet, nicht besonders tief ausgezackt. Unmittelbar dahinter ist am Vorderrande vor der Spitze die Färbung dunkel, wie in der Mitte, nach aussen in schräger Richtung scharf gegen das hellere Saumfeld abgeschnitten. An diesen, hierdurch entstehenden dreieckigen Fleck schliesst sich ein schwärzlicher Schrägstreifen, der in der Richtung von der Flügelspitze der hintern Querlinie sehr nahe, fast parallel läuft und den Innenrand erreicht. Hinter diesem schwarzgrauen Streifen ist der Grund lichtgelb, in nicht allzu grosser Breite, worin eine dünne braungelbe auf halber Breite beginnende und am Innenrande verdickt endende Linie befindlich. Hinter dieser ist dann noch vor dem Saume ein braungelber Schatten, der weniger deutlich beim ♀ zu erkennen ist. Die Saumlinie ist gelbbraun. Die dem Flügelgrunde gleichfarbigen Franzen sind aussen braun. Hinterflügel gelblichweiss mit kaum merklich dunkleren Franzen, in deren Mitte eine, mit blossem Auge schwer zu erkennende dunklere Theillinie ist.

Unterseite gelblich weiss, die Vorderflügel am Vorderrande, Spitze, Aussenrand und die Hinterflügel am Vorderrande gelb. Auf den vorderen sind die Rippenenden braun und die Bindenzeichnung der Oberseite an der Spitze deutlich braungelb.

Die Raupe ist ausgewachsen 41 mm. lang und 6 mm. dick, vorn und hinten etwas an Dicke abnehmend, citronengelb. Das Stirndreieck und die Hemisphären sind schwarzbraun, in der Mitte gelb. Auf dem Rücken ist ein schwärzlicher Längsstreif, welcher durch die gelbe Dorsale getheilt und durch unregelmässig fleckenartig hineindrängende Grundfarbe unterbrochen und daher auch an den Rändern etwas gezackt erscheint. Auf beiden Seiten steht noch ein, dieser ganz gleichender Längsstrich, in dem aber über den, unterhalb des schwarzen Längsstrichs befindlichen Tracheenöffnungen je 2 grössere hellgelbe Fleckchen stehen. Die Tracheenöffnungen sind schwarz, fein umzogen. Die Seitenlinie darunter ist schwärzlich und vielfach unterbrochen. Der Bauch ist etwas lichter gelblich. Die Brustbeine sind leicht gebräunt.

Sie lebte von Mitte bis gegen Ende April bei Askhabad

an einem, hier an manchen Stellen häufig wachsenden *Anthericum*. Sie sitzt ziemlich versteckt zwischen dem Blatt und den unreifen Saamen und nährt sich von den lezteren. Sie fertigte dann in der Erde ein leicht zerbrechliches Gehäuse aus Erde, worin sie im Raupenstande bis gegen Ende August blieb und sich dann in eine hellbraune Puppe verwandelte, aus der im September und October der Schmetterling auskroch. Ein ♂ hatte ich bereits 1878 aus einer bei Schahkuh in Nord-Persien gefundenen Raupe erhalten.

99. **Hadena Monoglypha** Hufn. — 1 ♀ von Nuchur.

100. **Calamia Phragmitidis** Hb. — 1 grosses ♀ von Askhabad ist nicht verschieden von meinen Sareptaner Stücken.

101. **Sesamia Cretica** Ld. — 1 ♀ von Askhabad.

102. **Argyrospila Succinea** Esp. — Sie war von Mitte Juni an ziemlich häufig bei Nuchur. Hier traf ich sie oft bei Tage an Grashalmen ruhend. Adends kam sie zum Licht geflogen.

103. **Leucania Vitellina** Hb. — Im Mai bei Askhabad. Sie flog nicht besonders selten an *Astragalus*-Blüthen.

104. **Leucania L. album** L.—Am 19. Juni 1 ♂ bei Nuchur gefangen.

105. **Caradrina Exigua** Hb. — Im Mai einzeln bei Askhabad.

106. **Caradrina Quadripunctata** F. — Genau meinen europäischen Stücken gleichend. Sie war nicht selten bei Askhabad und Nuchur im April und Juni.

107. **Caradrina Ambigua** F. — Einige Exemplare bei Nuchur an der Lampe gefangen.

108. **Amphipyra Tragopoginis** L. — 1 Stück von Nuchur.

109. Scotochrosta? Distincta Chr. (Pl. VIII, fig. 3). — *Alis anticis albide-griseis, leviter fuscescente mixtis, maculis tribus albidis, una in cellula media e basi lineolata, acuta, altera reniforme quadridentata, tertia coniforme, nigro-circumscriptis venis foras, striolisque inter venas sagittatis, albidis, striola media fasciaque dentata post medium obsoleta venis lineaque limbali fuscis.*

Exp. al. ant. ♂-is 10, ♀-ae 13 mm.

Ob diese Art bei der Gattung *Scotochrosta* wird bleiben können, wage ich nach den wenigen Exemplaren, die ich einer genaueren Untersuchung nicht opfern kann, nicht zu entscheiden. Von *Scot. Pulla* unterscheidet sie sich durch die nicht krummen und keulenförmig verdickten Vorderschenkel und den hier vorhandenen männlichen Haarschopf am Hinterleibsende. Auch kann ich keine borstige Umwimperung der Augen erkennen. Die Brust ist, etwas zottig, weisslich behaart. Beine weissgrau, Schenkel ziemlich lang behaart. Bauch gelblichgrau, Palpen hellgrau, an den Seiten grossentheils schwarzbraun; das kurze, aus der Beschuppung des Mittelgliedes kaum hervortretende Endglied ist etwas abwärts geneigt. Die Rollzunge ist nicht lang. Fühler borstenförmig, die des ♂ mit nicht langen, aber dicht stehenden Wimpern. Kopf und Vorderrücken weissgrau, letzterer gewölbt mit wenig emporgerichtetem Vorderschopf, dessen Schuppen, so wie auch die Schulterdecken, schwärzlich braun gesäumt sind. Die Vorderflügel mit leicht abgerundeter Spitze und mehr, als bei *Scot. Pulla* eingezogenem Hinterrande, sind weissgrau, im Discus und vor dem Saume bräunlich gemischt. Im Gegensatze zu denen der *S. Pulla* sind bei dieser Art die Zeichnungen sehr scharf ausgeprägt. In der Mittelzelle liegt ein spitzlanzettförmiger Längsfleck, der unweit der Flügelbasis beginnt. Die dahinter befindliche Nierenmakel ist gross, mit 4 ungleich grossen Auszackungen. Eine anfangs aufwärts gekrümmte, dann horizontale Zapfenmakel ist am Ende abgerundet. Alle 3 Makeln sind weisslich und haben eine feine schwarze Umrandung. Inmitten des lanzettförmigen Flecks ist ausserdem ein feiner, schwarzer Längsstrich. Die Enden der in den Hinterrand ausgehenden Rippen, so wie kurze, in ihrer Erweiterung nach aussen braune Pfeilstriche und die in den Zwischenräumen der Rippen zu Punkten verdickte Saumlinie sind schwarz. Auf dem hellgrauen Flügelgrunde sind schwarzbraune Schuppen mehr oder weniger reichlich ausgestreut. Die Franzen des sehr leicht gewellten Hinterrandes sind gelblich, aussen, auf den Rippenausgängen, weiss, mit einer wenig deutlichen Theilungslinie.

Die Hinterflügel sind weisslich, haben schwärzliche Saumfleckchen und Rippen, eine verloschene tief gezackte Binde etwas hinter der Mitte und ebenfalls verloschene Mondfleckchen in der Mitte. Auf der weisslichen Unterseite sind am Vorderrande und im Saumfelde schwarze Schuppen reichlicher beigemengt; die Mittelmonde und eine hintere Binde sind sichtbar.

Hinterleib gelbgrau, bei dem ♂ mit einem ziemlich langen wolligen Haarschopfe.

Beide Geschlechter sind in Zeichnung und Färbung einander gleich.

Sämmtliche Exemplare fing ich an den Stationslaternen der Eisenbahn am 14. April.

110. Scotochrosta? Fissilis Chr. [1]. — *Alis anticis albidegriseis, sparse fusco-irroratis, maculis ordinariis concoloribus, leviter fuscescente-cinctis, venis striolisque sagittatis nigrofuscis, ciliis cinereis, albide-variis; posticis albidis, lunula media incrassata punctisque marginalibus fuscis.*

1 ♂ Exp. al. ant. 19 mm.

Sie reiht sich der vorhergehenden Art an, hat aber gleich-

[1] Bei dieser Art muss auf eine Abbildung verzichtet werden, da das einzige Stück total verunglückte.

mässiger graue Färbung, kaum bemerkbare, dem Grunde gleichgefärbte Makeln und ein allgemein schieferartiges Aussehen. Die Behaarung von Kopf, Brust und Beinen ist viel rauher, als bei *Sc. Distincta*, grau, mit schwarzer Beimischung. Auch die Palpen sind rauhhaarig beschuppt und das Endglied zwischen der Behaarung des Mittelgliedes versteckt. Die Fühler haben etwas längere Wimpern, als die von *Sc. Distincta*. Der Thorax ist weissgrau und schwarzbraun melirt. Hinterleib grau, mit schwärzlichen Haarschuppen.

Die Vorderflügel, mit noch etwas stärker eingezogenem Hinterrande, sind weissgrau, mit ziemlich gleichmässig auf der Fläche vertheilten schwarzbraunen Schuppen. Da die Makeln die Färbung des Flügelgrundes haben und nur sehr fein dunkel umrandet sind, so treten sie wenig bemerkbar hervor. Die vordere, langgezogene Makel hat eine ganz ähnliche Gestalt, wie die von *S. Distincta*, ist aber kürzer und am Ende abgerundet, wie die Zapfenmakel. Die Nierenmakel ist klein, mit weniger weit vorspringenden Zähnen. Die Rippen sind, besonders nach aussen zu, schwarz; die zwischen ihnen eingebetteten schwarzen Pfeilstriche sind etwas länger. Die Franzen sind weiss und grau gescheckt. Die weisslichen Hinterflügel haben einen dicken Mittelmond, schwärzlich bestäubte Rippen und eben solche, nur von den hier hellen Rippen unterbrochene Saumfleckchen.

Die Unterseite ist weisslich, nach aussen schwärzlich bestäubt, mit dicken Mondstrichen auf beiden Flügeln und schwarzen Rippen in der Mitte.

Das einzige ♂ wurde zugleich mit voriger Art gefangen.

111. Cucullia Boryphora Ev. — Wurde in 3 Exemplaren bei Nuchur im Juni an der Lampe gefangen.

112. Cucullia Argentina F. — Wie auf meinem aus Schahkuh in Persien stammenden Stücke, ist auch das einzige bei

Nuchur gefundene Stück, ein ♂, dunkler, als die aus Süd-Russland.

113. Plusia Ni Hb. — Nicht selten bei Krasnowodsk; im Juli an den Blüthen von *Alhagi;* vielfach am Tage fliegend.

114. Heliothis Peltiger Schiff. — Im Mai häufig bei Askhabad; später fing ich diese Art auch bei Krasnowodsk an den Blüten von *Alhagi.*

115. Heliothis Nubiger HS. — Ein sehr grosses, am 5. Mai bei Askhabad gefangenes ♂. Dieser Schmetterling hält sich vorwiegend gern auf kahlen Erdstellen auf.

116. Heliothis Armiger Hb. — 1 ♀, bei Krasnowodsk gefangen.

117. Heliothis Incarnatus Frr. — Am 19. Mai fing ich mehrere Stücke unweit Askhabad am Fusse des Gebirges. Sie gleichen ganz den südrussischen.

118. Heliothis Fieldi Ersch.—Von dieser, wie es scheint, sehr seltenen Art fing ich am 8. Mai auf den violetten Blüthen einer Crucifere 1 ♀ bei Askhabad.

119. Aedophron Phlebophora Ld. — Sämmtliche männlichen, am Fusse des Gebirges bei Askhabad an der Lampe und auf Blüthen gefangenen Stücke haben braunrothe Rippen, wodurch sie von den typischen Stücken, die fast rein gelb sind, abweichen.

120. Chariclea Delphinii L. — Askhabad, Mitte Mai.

121. Euterpia Laudeti B. — Ein schönes ♂, bei Nuchur am 15. Juni gefangen, mit besonders schönem, rosenrothem Anflug der Vorderflügel.

122. Acontia Lucida Hufn. — Bei Askhabad nicht selten.

var. **Albicollis** F. — Nicht besonders häufig bei Askhabad.

123. Acontia Hueberi Ersch. — Sie war bei Askhabad im Mai nicht selten; auf den nahen Mergelhügeln an violetten Cruciferen.

124. Acontia Eylandti Chr. (Pl. VIII, fig. 5). — *Fronte tricuspidata (ut in A. Hueberi Ersch.), capite et thorace albidis. Alis anticis lutescente-albidis, lunula media, maculis costalibus fasciisque duabus, fascia media late interrupta, nigrocincta, antelimbali bis-interrupta, brunneis, limbo undulato nigropunctato, ciliis dimidio basali ferrugineo, foras fuscescentibus, albidevariis; posticis lutescente-fuscis, basin versus albescentibus, lunula media obsoleta, fuscescente.* 1 ♀.

Exp. al. ant. 12 mm.

Von allen übrigen europäischen Arten weicht sie auffallend ab und zwar besonders durch die gelblich braungrauen Hinterflügel. Das ist der sofort in die Augen fallende Unterschied. Wichtiger aber ist wohl der hornige Stirnfortsatz mit 3 Zacken, der diese Art und *Ac. Hueberi* von allen anderen Arten der Gattung unterscheidet und wohl auf ein besonderes Genus hinweisen dürfte.

Brust und Beine weiss, ziemlich lang behaart; Schienbeine gelblich; die Fussglieder auf der Oberseite braun, anfangs heller, dann dunkler schwarzbraun gefleckt. Palpen weiss, etwas ansteigend, mit sehr kurzem, etwas hängendem gelbbraunem Endgliede. Der braune, unbeschuppte, hornige, 3 spitzige Stirnfortsatz ragt kaum über den gelblich weissen Stirnschopf vor. Fühler borstenförmig. Thorax, so wie auch die Vorderflügel sind gelblichweiss (beinfarben). Hinterleib bräunlich. Auf den Vorderflügeln ist auf der Querrippe der Mittelzelle ein braunes, schwarzumzogenes Mondfleckchen. Die braune, nur in halber Flügelbreite bis an den Innenrand deutliche Mittelbinde wird am Vorderrande durch zwei braune Flecke angedeutet; auf diese folgt der Mittelmond; dann ist sie ganz unterbrochen und der untere, deutlich erkennbare Theil auf der Aussenseite schwarzbraun gesäumt. Am Vorderrande ist, nicht weit von der Spitze entfernt, ein grosser hellbrauner, länglich viereckiger Fleck als Anfang einer breiten Saumbinde; dann folgen noch bis zum Innenwinkel, als deren Fortsetzung, drei kleinere, unbestimmt abgegrenzte Flecken. Zwischen ihr und dem welligen Saume sind auf den Rippen blaugraue Fleckchen und in den Zwischenräumen der Rippen schwarzbraune mondförmige Punkte. Die langen Franzen sind auf der Basalhälfte hell rostbraun, die äussere Hälfte ist weisslich und rothbraun alternirend.

Hinterflügel schwärzlich gelbgrau, auf der Basalhälfte gelblichweissgrau, mit bräunlichem Mittelmonde und dahinter mit einer sehr leicht gebrochenen bräunlichen Querlinie.

Das einzige ♀ wurde am 31. Mai bei Askhabad von meinem Sammelgenossen, Herrn Eylandt, gefangen.

125. Thalpochares Chlorotica Ld. — Im Juni bei Nuchur nicht selten an Stellen, wo *Thymus* blühte; auch zur Lampe kam sie öfters.

126. Thalpochares Polygramma Dup. — Nur einmal bei Nuchur am 19. Juni gefangen.

127. Thalpochares Ostrina var. **Aestivalis** Gn. — Ein am 3. Juli bei Krasnowodsk gefangenes ♂ gehört wohl sicher zu dieser Varietät.

128. Thalpochares Ostrina var. **Carthami** HS.—Ebenfalls bei Krasnowodsk 1 ♀ gefangen.

129. Thalpochares Debilis Chr. — *Alis cretaceis, fascia media subrecta maculisque nonnullis apicalibus et limbalibus* *brunneis, punctis, medio, ante apicem, et duobus antemarginalibus nigris; posticis albicantibus.*

♂ Exp. al. ant. 6 mm.

Es ist wohl die kleinste Art aus dieser Gattung. Sie steht zunächst der *Th. parva* Hb., von welcher sie sich leicht durch ihre weisse Färbung und die fast senkrechte gerade Mittelbinde unterscheidet.

Das mittlere Glied der weissen Palpen ist kolbenförmig gestaltet, indem es am Ende dick mit Schuppen bekleidet ist, aus denen das vorn abgestumpfte Endglied nur wenig hervorragt. Beine, Brust und Bauch sind gelblichweiss. Kopf und Oberkörper sind kreideweiss. Die grossen Augen sind schwarz. Fühler borstenförmig, hell-rostgelb.

Die kreideweissen Vorderflügel mit abgerundeter Spitze haben, kurz vor der Mitte, eine nicht breite, auf der Hälfte mit einer stumpfen Ecke nach aussen vortretende gelbbraune, beinahe senkrecht stehende Querbinde, die nach der Wurzel zu in den Flügelgrund vertrieben ist. Dann folgt ein im Diskus hinter der Mitte befindlicher kleiner schwarzer Punkt. Am Vorderrande, hinter der Mitte, ist ein braungelbes Fleckchen. Die Flügelspitze und ein mehrmals von der weissen Flügelfärbung unterbrochener Schatten sind ebenfalls braungelb. Unter der Spitze ist ein dickerer schwarzer Punkt, ein zweiter kleinerer vor der halben Flügelbreite am Saume und ein dritter am Innenwinkel. Die Saumlinie ist gelbbraun. Die langen weissen Franzen haben nach aussen eine bräunliche Theillinie.

Hinterflügel weiss bei einem Stück von Nuchur, während bei den transkaukasischen Exemplaren vor dem Saume eine leichte Verdunkelung sichtbar wird; auch haben letztere etwas dunklere Binde und Flecke. Dieses eine ♂ wurde bei Nuchur am 11. Juni gefangen. Ich fand diese Art schon 1872 unweit Derbent, in einer Salzsteppe, zu Anfang Juli.

Die Abbildung dieser Species wird im 2. Bande der „Mémoires sur les Lépidoptères" erscheinen.

130. Thalpochares Munda Chr. (Pl. VIII, fig. 6). — *Alis anticis, apice acuto, cretaceis, postice leviter infuscatis, striga media recta subperpendiculari brunnea, punctis nigris, uno inter strigam et basim, altero post strigam, altero in apice nonnullisque prope a limbo, strigis duabus antelimbalibus parallelis subundulatis griseis, ciliis albidis, foras fuscescentibus; posticis albidis, externe infuscatis, striga media obsoleta fuscescente.* ♂ ⚲ Exp. al. ant. 9 mm.

Mit der vorhergehenden Art *Th. Debilis* hat sie die meiste Aehnlichkeit, ist aber doppelt so gross.

Brust weiss, Beine und Bauch weissgrau, Palpen rauh behaart, weiss, an den Aussenseiten leicht gebräunt, Kopf und Vorderrücken weiss. Fühler gelbbraun. Hinterleib weiss.

Vorderflügel spitz, kreideweiss. Ziemlich genau in der Mitte ist eine fast perpendiculär gerichtete, gelbbraune Querlinie, ähnlich wie bei *Debilis*, aber noch schmäler und gleichmässiger. Nach innen ist sie leicht in den weissen Grund vertrieben. Zwischen ihr und der Wurzel ist am Vorderrande ein kleiner Fleck und darunter, ziemlich in der Mitte, ein schwarzes Pünktchen. Am Ende der Mittelzelle, dicht an der Querlinie, ist auch ein etwas grösserer, bisweilen doppelter Punkt. Das Saumfeld schliesst eine oft fehlende, oder nur in den Anfängen am Vorderrande sichtbare, bräunliche, zweimal nach hinten leicht ausgebuchtete Querlinie ab, welcher parallel, genau zwischen ihr und dem Saume, ein Schattenstreif von bräunlichgrauer Farbe sich nach dem Innenrande zieht. Die Flügelspitze ist gelbbraun, welche Färbung als ein Schrägwisch oder Schatten fast bis zum Querschatten hinunterreicht; hier sind einige schwarze Pünktchen befindlich, denen in gleichem, nicht weitem Abstande im Saume noch einige bis zum Innenwinkel folgen, wo der letzte Punkt etwas dicker, als die übrigen ist. Oft fehlen die zwischen den Endpunkten liegenden kleineren Punkte ganz, oder zum grossen Theil. Saumlinie bräunlich. Franzen weiss, aussen bräunlichgelb.

Hinterflügel weisslich, nur am Innenrande und an der Wurzel dunkelgrau mit ebensolcher Mittelbinde und einer nur am Innenrande deutlichen Saumbinde. Franzen weiss, aussen nur leicht gebräunt. Auf der Unterseite sind die Vorderflügel schwärzlich grau, der Vorderrand vor der Spitze weiss und schwärzlich gefleckt. Die Querbinden schwach durchscheinend und die weisslichen Franzen in der Mitte braungrau gefleckt. Die Hinterflügel weissgrau, mit braunen Schuppen bestreut.

Der Schmetterling flog im Juni bei Nuchur an kräuterreichen und mit Gebüsch bewachsenen Stellen im Gebirge und sass gewöhnlich an einer hier häufig wachsenden *Cnicus*-Art, an der wohl auch die Raupe leben wird.

131. Thalpochares Parva Hb. — Einige Stücke von Krasnowodsk.

132. Thalpochares Griseola Ersch. (*Pallidula* Ev.). — Bei Nuchur, zugleich mit *Th. Munda*.

133. Erastria Obliterata Rbr. — 2 ♂♂ von Askhabad, ganz den südrussischen gleichend.

134. Phothedes Kisilkumensis Ersch. (Pl. VIII, fig. 9). — Der nicht häufige Schmetterling wurde mehrmals bei Askhabad am Fusse des Gebirges und auch bei Nuchur im Mai und Juni gefangen. Der von Erschoff in seinem Werke „Lepidopteren der Reise Fedschenko's in Turkestan" auf Tafel III, fig. 48 abgebildete Schmetterling lässt kaum diese Art erkennen und es ist daher eine nochmalige Abbildung nöthig.

135. Phothedes Secunda Ersch. (Pl. VIII, fig. 10).— Ich fing in der Steppe bei Askhabad zwischen Sandhügeln ein ♂. Die Abbildung bei Erschoff „Lepid. der Reise Fedtschenko's etc." Tafel III, fig. 49 lässt zwar die Art erkennen, ist aber nicht genau und es ist deshalb eine nochmalige Abbildung nicht überflüssig.

136. Phothedes Erschoffi Chr. (Pl. VIII, fig. 8).—*Alis anticis brunneis, albide-pulverosis, strigis duabus fuscis albide cinctis, antica curvata, postica arcuosa, dentata, includentibus spatium medium violaceo-griseum ad costam albide mixtum et maculas ordinarias nigrofuscas albide-circumscriptas, lunulis limbalibus albidis, ciliis albidis fuscescente alternatis; posticis griseis, lunula media fuscescente.*

♂ Exp. al. ant. 10 mm.

Ich bin keineswegs ganz sicher, ob diese Art, so wie auch *Ph. Kisilkumensis* und *Secunda* wirklich in die Gattung *Phothedes* gehören, denn die von Lederer angegebenen, auf eine Art begründeten Gattungsmerkmale, welche gerade auf diese Art passen, scheinen allein nicht ausreichend zu sein.

Ph. Erschoffi hat etwas schmälere Vorderflügel. Die violettgrau ausgefüllte Mittelbinde unterscheidet sie gut von den beiden vorigen Arten. Palpen mit aus der Beschuppung des Mittelgliedes nicht hervorragendem Endgliede, braun und weisslich gemischt; ebenso ist auch der Vorderrücken, die Brust weisslich, etwas glänzend. Beine gelblich, die Fussglieder braungeringelt. Bauch gelblichweiss. Oberseite des Hinterleibs bräunlich grau, mit kurzem etwas hellerem Afterbusch. Fühler fadenförmig, bei dem ♂ kaum erkennbar weisslich bewimpert.

Die Vorderflügel haben als Grund ein schönes Gelbbraun, das aber nur im Saumtheile deutlich hervortritt, ausserdem aber reichlich mit gelblichweissen Schuppen untermischt ist. Das Saumfeld ist reichlich mit Gelblichweiss gemischt. Es wird von einer, nach aussen gekrümmten schwarzbraunen, wurzelwärts weissen Querlinie begrenzt. Die hintere, bald nach ihrem Ursprung am Vorderrande einen nach innen gerichteten Zacken bildend, macht einen mässig weiten Bogen nach aussen und verläuft dann, nach innen einbiegend, bis zum zweiten Drittel des Innenrandes. Die Ausfüllung zwischen beiden Querlinien ist violettgrau, aber hier und da etwas mit Braun und Gelblichweiss untermischt. Die beiden Mittelmakeln sind ziemlich klein, tiefschwarz, braun und weissgelb umzogen. Im Saumfelde, das, wie schon erwähnt, am entschiedensten braun ist, reicht das Violettgrau über die hintere Querlinie hinaus und bis gegen die Flügelspitze. Auch treten aus der weissen Einfassung der hinteren Querlinie an der weiten Ausbuchtung zwei zu einem V vereinigte kurze, weisse Linien und auch eine ebenfalls weisse Linie aus der unteren Einbiegung, welche genau in den Innenwinkel ausgeht. Die wellige Saumlinie wird durch schwarze Randmöndchen, die nach innen weiss gesäumt sind, gebildet. Die breiten weisslichen Franzen lassen zwei unbestimmte Theillinien erkennen, von denen die innere braun, die äussere schwärzlich ist und auf den Rippen von Weiss unterbrochen werden.

Die Hinterflügel haben Gelblichgrau zum Grunde, sind aber in grosser Breite nach aussen schwärzlichgrau verdunkelt und haben einen verloschenen Mittelmond und eine gleichfarbige, undeutliche Binde vor dem Saume.

Unterseite gelblichgrau, mit schwärzlichen Mittelmonden auf beiden Flügeln; letztere sind nach aussen leicht verdunkelt.

Die wenigen Stücke wurden am 8. Mai Nachts an der Lampe bei Askhabad, am Fusse des Gebirges, gefangen.

Ich benenne diesen Schmetterling zu Ehren des um die Lepidopterologie Russlands hoch verdienten Herrn N. Erschoff.

137. Phothedes Limata Chr. (Pl. VIII, fig. 7). — *Alis anticis glaucis, area basali, limitata striga obliqua nigra, foras albide cincta, linea postica arcuosa, dentata lunulaque media lutescente limitatis, fuscis, ciliis dilute brunneis; posticis lutescente griseis limbum versus fuscescentibus, striola media fusca.* ♂ ♀ Exp. al. ant. 15 mm.

Die kurzen, fast horizontal stehenden Palpen haben nach unten eine etwas abstehende Behaarung. Auf der Oberseite sind sie glatt anliegend beschuppt. Das Endglied ragt kaum etwas aus der Behaarung des Mittelgliedes hervor. Augen unbehaart. Die Stirn hat einen kurzen spitzen Hornzapfen, der kaum aus der dichten, doch glatten Kopfbehaarung hervorragt. Die borstenförmigen Antennen sind in beiden Geschlechtern kurz bewimpert, beim ♂ kaum merklich länger, als beim ♀. Kopf röthlichgrau, Brust und Beine gelblichweiss; letztere ziemlich lang. Die Tarsenglieder sind auf $^2/_3$ ihrer Länge braun. Halskragen und Vorderrücken rothbraun, mit etwas grauer Beimischung. Hinterleib röthlich gelbgrau.

Die etwas gestreckten Vorderflügel haben im Basalfelde ein hübsches Rothbraun. Dieses schliesst eine leicht gebogene, schrägstehende schwarzbraune Querlinie, bei $^1/_8$ des Vorderrandes beginnend und genau auf halber Länge des Hinterrandes endend, scharf ab. Nächst dieser Querlinie ist das Braun am reinsten und wurzelwärts allmählig bis zum Röthlichgrau übergehend. Auf der Aussenseite ist diese Querlinie weiss gesäumt und von hier an der übrige Flügel bläulichgrau. Im Saumtheile und an der Spitze ist dieses Grau am dunkelsten. Diese dunklere graue Färbung zieht sich durch das Saumfeld als ein anfangs dasselbe grossentheils ausfüllender, dann schmäler werdender Schattenstreifen nach dem Innenwinkel. Die hintere, das Mittelfeld abgrenzende Querlinie ist leicht ausgebuchtet und dann einwärts gezogen, regelmässig gezähnt und geht zwischen dem Innenwinkel und der vorderen Querlinie in den

Innenrand. Sie ist, ebenso wie auch der dünne mondförmige, ziemlich lange Mittelstrich auf beiden Seiten licht braungelb begränzt. Im Saumfelde ist ausser dem schon erwähnten Schattenstreifen, eine nur sehr unvollständige, vielfach unterbrochene weissliche Wellenlinie sichtbar und hinter dieser stehen am Saume, zwischen den Rippen, einige dicke schwarzbraune Punkte. Die untere Hälfte der Franzen ist grau, die äussere braun und schwärzlich gemischt. Hinterflügel gelblich grau, mit dunklerem Aussendrittel und einem kurzen Mondstriche vor der Mitte. Franzen gelblich weissgrau. Nach dem Saume hin ist die Flügelfarbe nur wenig verdunkelt.

Unterseite licht gelblich mit deutlichen Mittelmonden beider Flügel. Hintere Querlinie und die Franzen der Vorderflügel — braun.

Auch diesen Schmetterling fing ich in wenigen, grösstentheils beschädigten Stücken an den Stationslaternen der Eisenbahn.

138. **Agrophila Trabealis** Sc. — In den ehemaligen Baumgärten von Askhabad kam dieser Schmetterling in der gewöhnlichen Zeichnung, aber auch in allen Abstufungen bis zu völliger Zeichnungslosigkeit vor. In letzterem Falle sind die Exemplare einfärbig hellgelb und die äussere Querlinie bleibt dann weisslich und ist etwas glänzend. Auch die Hinterflügel haben dann eine graugelbe Färbung.

139. **Metoponia Subflava** Ersch. — Sie war bei Askhabad, Ende April und Anfang Mai, an Cruciferenblüthen nicht selten.

140. **Metoponia Ochracea** Ersch. — Ende Mai bei Askhabad. Viel seltener, als die vorige.

141. **Pericyma Albidentaria** HS. — 1 ♀ von Krasnowodsk.

142. Acantholipes Regularis Hb. — Ein grosses und helles Stück von Nuchur.

143. Leucanitis Cailino Lef. — Einzeln bei Nuchur. Sie hielt sich hier stets auf kahlen Erdstellen auf.

144. Leucanitis Picta Chr. — 1 ♂ aus der Steppe zwischen Durun und Göktepe zeichnet sich durch besondere Grösse von den dagegen auffallend kleinen Stücken von Askhabad aus.

145. Leucanitis Panaceorum Mén. — Bei Askhabad. Selten in Mai. Sie flog, oft auch am Tage, an Cruciferen.

146. Leucanitis Flexuosa Mén. — Sie flog auf den Mergelhügeln bei Askhabad von April bis Juni.

147. Palpangula Dentistrigata Stgr. — Ich fing 2 Exemplare an den Stationslaternen der Eisenbahn am 15. April.

148. Palpangula (Calophasia) Christophi Ersch. (Pl. VIII, fig. 4). — Diese seltene Eule gehört wohl kaum ins Genus *Calophasia*, wohin sie Erschoff stellt, sondern zu der von *Leucanitis* abgetrennten Gattung *Palpangula* Stgr. Ich fing an einer Laterne in Askhabad am 6. Mai ein wohlerhaltenes ♀, das hier im Bilde folgt, da die Abbildung bei Erschoff (l. c.) T. III fig. 44, nicht genau ist.

149. Spintherops Spectrum Esp. — Bei Askhabad lebten die Raupen im Mai häufig an einem *Astragalus*.

150. Spintherops Cataphanes Hb. — Im Zimmer des Gasthauses in Kisil-Arvat wurde ein ♀ gefangen.

151. Spintherops Dilucida Hb. — 1 ♂ mit undeutlicher Bindenzeichnung fand ich am 16. April bei Kisil-Arvat unter einem Steine.

152. Spintherops Gracilis Stgr. — Ein ♀ wurde in den letzten Tagen des Mai bei Askhabad an *Alhagi*-Blüthen gefangen.

153. Hypena Ravulalis Stgr. — Hiervon fing ich am 14. Mai 1 ♂ und am 30. Mai 1 ♀. Beide scharfgezeichneten Stücke sind grösser, als die aus Sarepta stammenden Exemplare.

BEITRAG

zur Kenntniss der Lepidopteren-Fauna des Achal-Tekke-Gebietes.

Von Dr. O. STAUDINGER.

(Planche IX).

1. **Cossus (Holcocerus) Nobilis** Stgr. (Pl. IX, fig. 1). — Von dieser schönen neuen Art erhielt ich das erste ♂ von Margelan, wo es am 9. Juli von Haberhauer gefangen wurde. Im vorigen Jahre erhielt ich mehrere von Herrn Eylandt bei Askhabad (Tekke) gefangene Pärchen.

Flügelspannung 30—43 mm. Fühler plattgedrückt, gefurcht, beim ♂ lang, gelbbraun. Grundfarbe weisslich; Thorax gelbgrau. Vorderflügel stark unregelmässig braungrau gewellt (gegittert). Hinterflügel weissgrau, nach aussen meist sehr schwach dunkel gefleckt, oder doch vor den Franzen gescheckt. Die Fühler dieser Art sind denen meines *Cossus Arenicola*, so wie der folgenden Art *C. Holosericeus* fast gleich gebildet, nämlich seitlich ganz flach zusammengedrückt, und sind diese Seiten dann mehr oder minder tief gefurcht (gerillt). Bei den ♂♂ von *Nobilis* und *Holosericeus* sind sie länger, als bei *Arenicola*, fast von 3/4 Länge der Vorderflügel. Bei den ♀♀ sind sie kürzer und auch weit weniger breit, aber doch deutlich gefurcht. Diese, von allen andern mir bekannten Cossiden ganz verschiedene Fühlerbildung macht es vielleicht rathsam, sie von der Gattung *Cossus* zu trennen und in eine eigene Gattung zu setzen, für die ich dann den Namen *Holcocerus* (Furchen-Horn) vorschlagen möchte. Sonst erinnert der Habitus von *Cossus Nobilis* und der folgenden Art *Holosericeus* etwas an *Phragmatoecia Castaneae;* nur ist der Hinterleib nicht so lang und die fast eben so schmalen Flügel sind etwas spitzer. Die Palpen sind weit länger und reichen fast bis zur Basis der Fühler; sie liegen mit Ausnahme des einen ♂, wo sie nach unten gerichtet sind, dicht am Kopf an. Sie sind nach unten fast glatt anliegend beschuppt, nur oben, besonders gegen das äusserst kurze Endglied hin sind sie etwas abstehend behaart. Die Behaarung des Kopfes, Thorax und Leibes ist nicht ganz so lang und etwas glatter, als bei *Phragmatoecia (Castaneae)* und *Hypopta (Thrips* und *Caestrum).* Die Beine sind etwas länger, als besonders bei *Phragmatoecia;* die mittleren — mit einem, die hintersten — mit zwei Paar Dornen an den Schienen bewehrt. Der Hinterleib des ♀ ist nicht sehr spitz und der, nur bei dem einen der beiden Stücke hervorsehende Legestachel scheint mir sehr kurz zu sein. Die gelbweissen, etwas glänzenden Vorderflügel von *Cossus Nobilis* sind ziemlich stark, aber unregelmässig graubraun gegittert, etwas mehr oder minder, als wie es das abgebildete Männchen zeigt. Diese Gitterzeichnung tritt auch auf der Unterseite, besonders nach aussen, mehr oder minder scharf auf; besonders scharf treten hier 6—8 Costalpunkte auf. Die dunkleren, weissgrauen Hinterflügel zeigen nur in einzelnen Fällen nach aussen schwache Gitterung, während ihr Aussenrand, vor den eintönig bleibenden Franzen, stets dunkel gescheckt ist. Unten sind sie heller als oben, fast weiss.

Cossus Nobilis ist schon der eigenthümlichen Zeichnung

der Vorderflügel wegen mit keiner andern Art zu verwechseln. Die mir in Natur unbekannte *Hypopta Gloriosa* Ersch. ist viel zeichnungsloser und hat auf den weissen Vorderflügeln nur wenige dunklere Flecken und Punkte. Auch sagt Erschoff von ihr: „*antennis subpectinatis*", was auf die Fühler von *Nobilis* durchaus nicht passt.

2. **Cossus (Holcocerus) Holosericeus** Stgr. (Pl. IX, fig. 2 a, b).—Hievon erhielt ich auch einige Pärchen aus Askhabad von Herrn Eylandt, nachdem ich davon bereits früher ein Paar aus Margelan durch Haberhauer erhalten hatte, von denen das ♀ am 5. Juni gefunden wurde. Erschoff, an den ich eins dieser Stücke zur Ansicht schickte, schrieb mir „*Holosericea* Ersch. in litt. nov. genus bei *Hypopta*, wozu auch *Gloriosa* Ersch. gehört". Ich behalte deshalb den Namen *Holosericeus* bei.

Flügelspannung 25—42 (40) mm. Fühler plattgedrückt, gefurcht, beim ♂ lang, gelbbraun. Kopf, Thorax, Hinterleib und Vorderflügel weiss; letztere glänzend, mit einem schwarzen Punkt unterhalb des Endes der Mittelzelle; Hinterflügel schwarzgrau, mit weissen Franzen.

Die Fühlerbildung ist also fast genau so, wie bei der vorhergehenden Art. Die Palpen sind wohl eben so lang, liegen aber nicht oben an den Kopf an, sondern sind bei allen Stücken nach vorn (etwas gebogen) gerichtet. Unten sind sie glatt beschuppt, oben (bei reinen Stücken) ziemlich lang behaart. Die hier frei liegende Stirn bildet bei allen Stücken eine eigenthümliche glattbeschuppte Grube. Auch bei dem einen *Coss. Nobilis*, wo sie allein frei liegt, ist sie glatt beschuppt und etwas grubenartig eingedrückt, aber lange nicht so stark, wie bei *Coss. Holosericeus*. Sonst ist die Behaarung des Scheitels, Thorax und Hinterleibs, so wie die Bildung der Flügel und der Füsse ganz ähnlich, wie bei *Nobilis*.

Die Grundfarbe ist weiss mit gelblichem Ton, der aber wohl zum Theil davon kommen mag, dass fast alle Stücke ölig waren, und durch die Procedur des Entölens das Weiss doch wohl etwas gelitten hat. Als einzigste Zeichnung tritt fast nur ein mehr oder minder deutlicher schwarzer Punkt unterhalb des Endes der Mittelzelle (dicht unterhalb Rippe 2 liegend) auf. Bei einem der kleinen, zwerghaften ♂♂ (die allein 25 mm. messen, während sonst alle Stücke gegen 40 mm. Flügelspannung haben) fehlt er ganz. Dahingegen zeigen zwei ♀♀ noch am Vorderrande vor der Spitze drei verloschene schwärzliche Punkte, und das eine sogar noch einen Punkt in der Mittelzelle gegen das Ende hin. Die Hinterflügel sind meist schwarzgrau mit reinweissen Franzen und auch einer meist ganz weissen Mittelzelle, die nur sehr kurz und schmal ist. Bei den kleinen Zwergmännchen sind die Hinterflügel fast ganz weiss.

So sehr einfach *Coss. Holosericeus* ist, so scheint er also doch ziemlich abändern zu können. Zu verwechseln ist er mit keiner bekannten Art, nur mit meiner *Phragmatoecia Territa* zeigt er in der einfachen lichten Färbung äusserlich einige Aehnlichkeit. Von letzterer, bisher nur in einigen männlichen Stücken aus Amasia bekannten Art, erhielt ich von Askhabad auch ein ♂ und zwei ♀♀. Diese letzteren haben ganz ebenso gebildete Fühler, wie bei *Castaneae* ♀; ihre Grundfarbe ist fast ganz weiss, das eine fast zeichnungslos, das andere mit wenigen schwärzlichen Schüppchen bestreut.

3. **Acontia (Armada) Dentata** Stgr. (Pl. IX, fig. 3). — In wenigen, meist abgeflogenen Stücken von Herrn Eylandt aus Askhabad erhalten, die dort wohl im Juni gefangen wurden.

Flügelspannung 22—25 mm. Vorderflügel weiss, am Aussenrande und in der Mitte bräunlich, mit zwei mittleren, nach dem Vorderrande zu stark divergirenden schwarzen Querlinien und einer sehr stark gezähnten schwarzen Aussenrandslinie; Hinterflügel weiss mit schwarzem Mittelmond und breiter schwarzer Aussenrandsbinde, in welcher, nach dem Innenwinkel zu, ein gezähnter weisslicher Fleck steht.

Diese neue *Acontia* ist keiner bekannten ähnlich, am nächsten steht sie noch der *Hueberi* Ersch., die ähnliche Hinterflügel hat. Die weissen Vorderflügel zeigen bei reinen Stücken mit Franzen einen graubraunen Aussenrand und eine ebensolche Färbung in der Mitte zwischen den beiden schwarzen Querlinien. Der Basaltheil der Flügel ist bis zur ersten Querlinie ganz weiss, nur ganz am Vorderrande, dicht bei der Basis, zeigt sich die Spur einer schwarzen Basallinie. Die erste mittlere Querlinie ist nach innen concav und besonders in der Mitte stark auftretend. Die zweite schwarze Querlinie ist nur am untern Theil, der dicht bei der ersten, fast parallel damit verläuft, stärker hervortretend; der obere Theil, der sich stark *S*-förmig nach aussen biegt, ist weit schwächer und bei manchen geflogenen Stücken garnicht mehr zu erkennen. Bei einigen Stücken fliessen die beiden Linien dort, wo sie dann plötzlich sehr stark nach vorn divergiren, fast zusammen. Oben steht stets, mehr oder minder deutlich erkennbar, eine ziemlich grosse braungraue (oder schwärzliche) Nierenmakel, davor am Aussenrande ein verloschener braungrauer Flecken, der dreieckig am Vorderrande aufsitzt und nur nach aussen (der Nierenmakel gegenüber) schärfer begränzt ist. Dicht vor dem bräunlichen Aussenrande steht die sogenannte schwarze Aussenrandslinie, welche eigentlich nur von 3—5 sehr starken schwarzen Pfeilstrichen gebildet wird; am Vorderrand bildet sie ein fast viereckiger bräunlicher Fleck und am Innenrande verläuft sie ganz unbestimmt und verloschen vor dem Innenwinkel. Die weisslichen Franzen zeigen bei dem einen Stück eine ziemlich vollständige dunklere

Theilungslinie, bei dem andern ist dieselbe sehr verloschen und sind sie hier nur vor der Spitze in der Mitte und am Innenwinkel dunkler gescheckt, was besonders unten deutlich hervortritt. Sonst ist die Unterseite fast ganz weiss mit viereckigem schwarzem Mittelfleck und einer solchen verloschenen breiten Binde vor dem Aussenrande, die etwas unterhalb der Mitte einen viereckigen Fleck, bis in die Franzen ziehend, anhängen hat. Die weissen Hinterflügel zeigen einen grossen schwarzen Mittelfleck und eine breite schwarze Aussenbinde. Letztere zeigt unweit des Analwinkels einen weisslichen gezähnten (oder aus 2—3 weisslichen Pfeilstrichen bestehenden) Fleck. Die Franzen sind weiss mit unbestimmter dunkler Theilungslinie und Flecken, ähnlich wie auf den Vorderflügeln. Auf der weissen Unterseite tritt der Mittelmond und ein grosser Flecken am Innenwinkel stark schwarz auf; die Aussenbinde ist mehr oder minder verloschen und tritt nur nach dem Vorderrande zu deutlicher auf.

Die Fühler sind bei beiden Geschlechtern fadenförmig, beim ♂ kaum stärker, als beim ♀, braungelb. Die nicht langen, nach vorn und etwas nach oben gerichteten Palpen sind wie der Scheitel weiss (gelbweiss). Die Stirn zeigt einen nackten, kurzen, kegelförmigen braunen Hornfortsatz, der den *Acontia*-Arten fehlt und diese Art wohl generisch davon trennt. Einen ganz ähnlichen Fortsatz zeigt die folgende Art *Clio* Stgr.; während die *Acontia Hueberi* Ersch. denselben ganz ausserordentlich stark entwickelt, dreigezackt hat. Ausserdem findet sich bei *Hueberi* noch unten an jeder Seite ein Dornfortsatz. Aehnlich wie bei der *Hueberi*, aber minder stark entwickelt, sind diese Fortsätze bei der „*Leucanitis*“ *Panaceorum* Mén. Da diese vier Arten (*Dentata*, *Clio*, *Hueberi*, *Panaceorum*) auch sonst viel Übereinstimmendes, als nackte unbewimperte Augen, ziemlich gleiche Rippenbildung, ganz gleiche Zeichnungsanlage der Hinterflügel u. s. w. zeigen, so möchten sie zusammen in eine eigene Gattung kommen, für die ich den allerdings wenig classischen, aber kaum vergebenen Namen „*Armada*" vorschlage. Schon Lederer bemerkt in der Wiener Ent. Monatsschrift, 1861, p. 398, dass *Panaceorum* eine eigene Gattung bilden müsse. Ob diese Gattung *Armada* bei *Acontia*, *Heliothis*, oder besser bei *Megalodes* (die ganz ähnliche Stirnfortsätze hat) zu stellen sei, das mag ich jetzt nicht entscheiden.

4. Acontia (Armada) Clio Stgr. (Pl. IX, fig. 4).—Mit der vorigen Art zusammen, aber in bessern Stücken erhalten.

Grösse 24—27 mm. Vorderflügel blaugrau mit braunschwarzem, breit weiss umsäumtem Mittelfelde und solchem schmalem Aussenrande. Hinterflügel weiss mit grossem schwarzem Mittelmond und breiter Aussenbinde; letztere mit weissem Fleck vor dem Analwinkel. Diese Art ist der vorigen ganz gleich gebildet, besonders hat sie einen ganz gleichen Stirnfortsatz etc. Auch haben beide Arten einen schlanken Leib mit stark entwickeltem männlichem Genital-Apparat, der ganz ähnlich bei *Panaceorum* ist, während er bei *Hueberi* etwas schwächer zu sein scheint. Die Vorderflügel sind bei ganz frischen *Clio* blaugrau (wenn abgeflogen, braungrau), das heisst, nur der Basaltheil und eine Binde zwischen Aussenrand und Mitte sind blaugrau. Das ziemlich breite Mittelfeld ist ganz dunkel, braunschwarz, an beiden Seiten weiss umsäumt. Diese weissen Striche sind eigentlich nur die Umsäumungen der beiden schwarzen Mittellinien, welche aber als solche kaum, oder doch nur nach dem Innenrande hin zu erkennen sind. Die innere dieser Linien verläuft fast grade, während die äussere schwach S-förmig verläuft und daher am Vorderrande nicht sehr viel weiter, als am Innenrande von der inneren entfernt ist. Die dunklere Nierenmakel tritt kaum aus dem schwarzen Mittelfelde heraus; hinter derselben verbreitert sich die weisse

Begränzung ziemlich stark und läuft breit am Vorderrande aus. Der schmale Theil vor den Franzen, der durch eine weissliche Linie von der blaugrauen Binde getrennt ist, ist so dunkel, wie das Mittelfeld. Die vorwiegend dunklen Franzen zeigen eine sehr deutliche dunkle Theilungslinie und sind an ihren weissen Endtheilen am Innenwinkel schmal, oberhalb desselben breit und vor der Spitze weniger breit grau durchbrochen. Die Hinterflügel, so wie die Unterseite aller Flügel ist fast genau so, wie bei der vorigen Art *Dentata* gezeichnet. Da dies bei den beiden Arten *Hueberi* und *Panaceorum*, die sonst auf der Oberseite der Vorderflügel sehr verschieden aussehen, auch ganz ähnlich ist, so scheint mir das, abgesehen von den Stirnfortsätzen u. s. w., ein Beleg dafür zu sein, dass alle vier Arten gut in die von mir vorgeschlagene Gattung *Armada* vereint werden können. Von Gattungs-Liebhabern würden freilich die letzten beiden Arten noch jede für sich zu einer eigenen Gattung erhoben werden können.

5. **Leucanitis Sinuosa** Stgr. (Pl. IX, fig. 5). — Diese neue Art, gleichfalls bei Askhabad von Herrn Eylandt gesammelt, ist der *Flexuosa* Mén. so ähnlich, dass ich sie zuerst für dieselbe hielt, da sie unter einer grösseren Anzahl davon in einigen guten und mehreren schlechten Stücken gesandt wurde. Die Zeichnungsanlagen sind bei beiden Arten genau dieselben und ich werde mich daher nur darauf beschränken, die Unterschiede der *Sinuosa* von der *Flexuosa* anzugeben. Grösse etwa dieselbe, von 29—36 mm. Die Vorderflügel sind bei *Sinuosa* entschieden spitzer. Die Fühler des ♂ sind bei *Sinuosa* fast doppelt so lang gewimpert, wie die äusserst kurz bewimperten bei *Flexuosa*. Der Aussenrandtheil der Vorderflügel ist bei *Sinuosa* dunkler, die Franzen sind heller, weisslich mit dunkler Theilungslinie und schwach gescheckt. Auf der Unterseite der Vorderflügel bleibt der Aussenrand

von der Spitze bis zum Innenwinkel bei *Sinuosa* gleichmässig schwarz, während bei *Flexuosa* in der Spitze ein weit intensiverer schwarzer runder Flecken steht, als der übrige Theil des Vorderrandes, besonders der darauf folgende, schwarz gefärbt ist. Einen Hauptunterschied bietet die Oberseite der Hinterflügel, wo bei *Sinuosa* die Basalhälfte fast rein weiss bleibt, während sie bei *Flexuosa* meist überwiegend dunkel angeflogen ist. Besonders die die Mittelzelle nach innen begränzende Subdorsale ist bei *Flexuosa* stets breit dunkel. Auch der weisse Aussenrand, oberhalb des tiefschwarzen Randflecks, ist bei *Sinuosa* breiter, als bei der *Flexuosa*. Diese Unterschiede genügen vollkommen, um die sonst so ähnlichen beiden Arten sicher zu trennen.

Von ächten *Leucanitis*-Arten erhielt ich sonst noch von Askhabad *Picta* Chr. zahlreich, so wie die äusserst seltene *Sesquistria* Ev. in wenigen Exemplaren. Ausser fünf anderen Arten, die ich jetzt, wie Alpheraki, in meine Gattung *Palpangula* setze (*Spilota* Ersch., *Henkei* Stgr., *Dentistrigata* Stgr., *Cestina* Stgr. und *Fractistrigata* Alph.) beschreibe ich noch die folgende als *Leucanitis*, obwohl sie besser eine eigene neue Gattung bilden müsste.

6. Leucanitis (?) nana Stgr. (Pl. IX, fig. 6).,—Diese nur in wenigen Stücken aus Askhabad erhaltene Art ist keiner andern *Leucanitis* ähnlich und auch etwa nur ein Viertel so gross wie die andern Arten hinsichtlich der Flügelfläche. Ihre Flügelspannung misst 18—20 mm. Vorderflügel grau, mit zwei sehr verloschenen, schwach gezackten schwarzen Querlinien vor und nach der Mitte, welche undeutliche Makeln und einen dunkleren Theil, nach dem Innenrande zu, umschliessen. Hinterflügel gelbweiss, mit mehr oder minder verloschener schwarzer Randbinde. Die männlichen Fühler sind fast garnicht, oder doch nur äusserst kurz bewimpert. Die nach aufwärts gerichteten Palpen sind denen der ächten *Leucanitis*-Arten ganz ähnlich gebildet. Auch die Beine, und, wie es mir bei allerdings nur oberflächlicher Untersuchung scheint, das Geäder stimmen mit denen der *Leucanitis*-Arten überein. Die grauen Vorderflügel zeigen die beiden schwarzen Querlinien, besonders am Innenrande, ziemlich deutlich. Die erste macht einen scharfen Zacken nach innen, die zweite, welche schwach S-förmig gebogen ist, ist sehr schwach gezackt. Die Nierenmakel tritt bei mehreren Stücken deutlich als kleiner schwarzer Flecken auf; davor steht bei einigen Stücken die kleine runde Makel, nur durch eine schwache dunkle Umrandung als solche angedeutet. Hinter der Nierenmakel lässt sich bei einem Stück ein grösserer lichterer Makelfleck angedeutet finden, der dem von *Cailino*, *Picta* etc. entspricht. Ein hellerer, länglicher Flecken, oberhalb der Einzackung der ersten Querlinie liegend, macht fast den Eindruck einer Pfeilmakel. Der untere Theil, zwischen den beiden schwarzen Linien, ist meist dunkler, bildet also eine Art Halbbinde. Ebenso tritt am Aussenrande eine meist sehr verloschene dunklere Zackenbinde (Linie) auf. Die Franzen sind deutlich dunkel und hell gescheckt. Die Unterseite ist gelbweiss mit feinem schwarzem Mittelpunkte, schwärzlichen Atomen am Vorderrande und besonders in der Spitze gecheckten Franzen. Die weissgelben Hinterflügel zeigen einen mehr oder minder verloschenen schwarzen Aussenrand, der zuweilen ganz vollständig, meist aber unterbrochen ist. Besonders stark, fast fleckenartig, tritt sie am unteren Theil des Aussenrandes auf, und hier sind auch die Spitzen der Franzen schwärzlich, die sonst licht bleiben. Unten steht ein kleiner scharfer Mittelpunkt (der oben nur bei einem Stücke sichtbar ist) und tritt die schwarze Binde vor dem Aussenrand schärfer auf, eigentlich in zwei grösseren, kaum verbundenen langen Flecken, dem einen hart am Vorderrande, dem anderen darunter sitzend.

Leucanitis Nana, von allen mir bekannten Arten weit getrennt, erinnert höchstens in der Färbung der Vorderflügel etwas an die ziemlich viel grössere *Palpangula Fractistrigata* Alph., mit der zusammen sie auch gefangen wurde. Der Bau der Palpen, so wie die Unterseite der Flügel u. s. w. ist freilich völlig verschieden.

7. **Palpangula Cestina** Stgr. (Pl. IX, fig. 7). — Auch diese interessante Art wurde mit den vorigen von Herrn Eylandt bei Askhabad gefunden und mir in einer kleinen Anzahl meist guter Stücke eingesandt.

Flügelspannung 26—31 mm. Vorderflügel licht aschgrau, schwärzlich bestreut, mit zwei scharfen schwarzen Querlinien, die erste bei $^1/_3$ der Flügellänge stark *W*-förmig gezackt, die andere hinter der Mitte gewellt, und mit einer weissen nach innen schwarz begränzten Querlinie vor dem Aussenrande. Die Hinterflügel weiss; beim ♀ am Basaltheil gelb behaart, mit sehr breiter, unregelmässiger, schwarzer Binde vor dem Aussenrande, die unten nur als zwei schwarze Flecken auftritt. Diese hübsche Art steht der *Palpangula Cestis* Mén. am Nächsten, ist aber bedeutend kleiner und hat ganz anders gefärbte weissgraue Vorderflügel, sowie eine zusammenhängende schwarze Binde der Hinterflügel. Die Fühler des ♂ sind fast kaum bewimpert zu nennen, also ganz ähnlich denen der anderen *Palpangula*-Arten, wie *Cestis*, *Henkei* und *Spilota*. Ganz ebenso ist auch bei *Cestina* der Bau der Palpen, Beine etc. Die Vorderflügel sind licht aschgrau mit Schwarz mehr oder minder gemischt, bei den ♀♀ mehr, als bei den ♂♂. Die Zeichnung, in der Anlage der von *Cestis*, *Henkei*, u. s. w. gleich, besteht besonders aus den beiden mittleren schwarzen Querlinien und einer weissen Aussenrandlinie. Der Vorderrand ist schwarz gefleckt, und in der Spitze steht ein fast dreieckiger unbestimmter schwarzer Flecken. Die sogenannte Nierenmakel tritt als kreisförmiger dunkler Flecken, oder nur schwarz umrandet, stets mehr oder minder deutlich hervor. Der Aussenrandtheil ist besonders in der Mitte meist schwach bräunlich angeflogen. Am Aussenrande selbst stehen schwarze Punkte oder Strichelchen, die nach aussen meist noch einen ziemlich scharfen weissen Punkt zeigen. Die Franzen sind dunkel, unregelmässig gewellt und auch gescheckt. Die erste der beiden schwarzen Querlinien, etwa bei $^1/_4$ der Flügellänge stehend, ist stark W-förmig nach aussen gebogen; die zweite, etwa bei $^2/_3$ der Flügellänge, ist oben nach aussen gebogen und macht unten zwei sehr stumpfe kleine Zacken nach innen. Die weisse Aussenrandlinie macht in der Mitte und nach oben zwei grosse stumpfe Zacken und ist am Innenrande ganz schwach nach innen gebogen. Sie ist nach innen mehr oder minder schwarz begränzt, bei den ♀♀ fast vollständig, bei den ♂♂ öfters sehr wenig, und steht hier besonders in dem mittleren Zacken nur eine schwarze fleckenartige Begränzung. Die Unterseite der Vorderflügel ist weiss, nur am Aussenrande und besonders in der Spitze schwärzlich angeflogen, und mit (meist) ganz dunklen Spitzen der Franzen. Die Hinterflügel sind weiss mit einer schwarzen Binde vor dem Aussenrande, die sich etwa in der Mitte des Aussenrandes bis an die Franzen fleckenartig erweitert. Bei den ♀♀ ist der weisse Basaltheil mit ziemlich langen gelblichen Haaren bekleidet, etwa so lang, aber lange nicht so braun wie bei *Henkei*, und weit länger, als die sehr kurzen braunen bei *Cestis* ♀♀. Auf der weissen Unterseite der Hinterflügel stehen zwei meist scharfe, intensiv schwarze rundliche Flecken, der eine hart am Vorderrande, vor der Spitze, der andere etwa in der Mitte des Aussenrandes, der oberen fleckenartigen Erweiterung entsprechend.

8. 9. **Palpangula Spilota** Ersch. (Pl. IX, fig. 8) und **Henkei** Stgr. (Pl. IX, fig. 9).—Als ich in der Stettiner Entom.

Zeitung, 1877, p. 196 meine *Palpangula Henkei* beschrieb, sagte ich bereits, dass sie der mir in Natur unbekannten *Spilota* Ersch. sehr nahe stehen müsste, aber doch davon verschieden zu sein scheine. Die Abbildung dieser *Spilota* in Fedtschenko Lep. IV, fig. 58, schien mir sehr verfehlt, was sie auch in der That ist, und die russische Beschreibung war mir unverständlich. Als Herr Erschoff später meine *Henkei* sah, so hielt er sie ganz entschieden für seine *Spilota* und gab zu, dass die Abbildung derselben ganz schlecht sei. Ich habe nun auch von Herrn Eylandt aus Askhabad eine grössere Anzahl einer *Palpangula*-Art erhalten, die mir sicher die ächte *Spilota* Ersch. zu sein scheint. Auch kam mit diesen Stücken eine ganz sichere *Henkei* Stgr.—*Spilota* Ersch. ist etwas kleiner, 30 — 34 mm. Die ♂♂ haben etwas länger bewimperte Fühler, als die der *Henkei*, die kaum sichtbar bewimpert sind. Die ♀♀ von *Spilota* zeigen an der Basis der Hinterflügel durchaus keine braune Behaarung, wie bei *Henkei*. Dies beweist allein, dass Erschoff's *Spilota*, die ein ♀ ist, die vorliegende Art und nicht meine *Henkei* sein muss. Auf den Hinterflügeln geht bei *Spilota*, wie bei der Figur, stets eine weisse Binde ganz durch, was in dem Maasse nie bei *Henkei* der Fall ist. Am Aussenrande der Hinterflügel steht der tiefschwarze runde Flecken bei *Spilota* in Weiss, während der Aussenrand am Vorderwinkel schwarz bleibt. Bei *Henkei* ist der ganze Aussenrand, besonders auch am Vorderwinkel, weiss. Der Limbalsaum vor den weissen Franzen (die meist ganz weiss bleiben) ist bei *Spilota* sehr stark und scharf vorhanden, bei *Henkei* höchstens ganz verloschen sichtbar. Auf den Vorderflügeln hängt der Limbalsaum auch stets zusammen, während bei *Henkei* nur schwarze Limbalpunkte vorhanden sind. Die (am meisten sichtbare) äussere Querlinie verläuft bei *Henkei* viel grader als bei *Spilota*, wo sie S-förmig gebogen ist. Auf der Unterseite der Vorderflügel zeigt *Spilota* fast stets einen verloschenen länglichen schwarzen Strich oberhalb des Innenwinkels (allerdings keinen am Ende der Mittelzelle, wie bei Erschoff's Figur), der bei *Henkei* stets fehlt. Endlich ist der schwarze Flecken auf der Unterseite der Hinterflügel bei *Spilota* durchschnittlich grösser und intensiver, als bei *Henkei*. Eine Vergleichung der hier gegebenen guten Abbildungen beider Arten wird die Hauptunterschiede noch deutlicher vor Augen bringen.

Verzeichniss der von H. Eylandt 1882 in Askhabad (Achal-Tekke) gesammelten Lepidopteren.

Lycaena Icarus Rott.
„ Christophi Stgr.
Satyrus Anthe var. Enervata Alph.
Deiopeia Pulchella L.
Spilosoma Fuliginosa L.
Cossus (Holcocerus) Nobilis Stgr.
„ „ Holosericeus Stgr.
Phragmatoecia Territa Stgr.
Endagria Agilis Chr.
Bryophila Sordida Stgr.
Agrotis Segetum Schiff.
Mamestra Trifolii Rott.
„ Irrisor Ersch.
Ulochlaena Hirta Hb.
Heptamochondra Syrticola Stgr. (Stett. E. Z. 1879, pag. 321).
Calamia Phragmitidis Hb.
Leucania L. album L.
„ Zeae Dup. (?)
Caradrina Exigua Hb

Amphipyra Tragopoginis L.
Plusia Ni Hb.
Heliothis Scutosus Schiff.
„ Peltiger Shiff.
Acontia Hueberi Ersch.
„ Lucida Hufn.
(Armada) Clio Stgr.
„ Dentata Stgr.
Photedes Secunda Ersch.
Metoponia Subflava Ersch.
„ Ochracea Ersch.
Euclidia (?) Mirifica Ersch.
Pericyma (?) Terrigena Chr.
„ Albidentaria Frr.
Palpangula Christophi Ersch.
„ Henkei Stgr.
„ Spilota Ersch.
„ Dentistrigata Stgr.
„ Fractistrigata Alph.
„ Cestina Stgr.
Leucanitis Nana Stgr.
„ Sesquistria Ev.
„ Flexuosa Mén.
„ Picta Chr.
„ Sinuosa Stgr.
Pseudophia Illunaris Hb. var.
Catocala n. sp. bei Lupina Hb.
Hypena Ravalis HS. var.
Eucrostis Herbaria Hb.
Acidalia Beckeraria Ld.
„ Halimodendrata Ersch.
Timandra Amata L.
Gnophos Colchidaria Ld. var.

Sione Excelsata Chr.
Cidaria Fluviata Hb.
Eupithecia n. sp. bei Silenicolata Mab.
Cledeobia Provincialis Dup.
Hypotia bei Concatenalis Ld.
Emprepes Pentodontalis Ersch.
Anthophilodes Erubescens Chr.
„ Moeschleri Chr.
„ Baphialis Ld.
„ Turanica Chr.
Tegostoma Comparalis Hb.
Botis Rupicapralis Ld.
Eurycreon Sticticalis L.
Epischnia Prodromella Hb.
Grapholitha Aspidiscana Hb. var. ?

Un nouveau genre des Pyralides.

Par **P. C. T. SNELLEN**.

(Planche X).

En 1882 M-r le baron de Hedemann eut la bonté de m'envoyer, parmi d'autres lépidoptères interessants, un exemplaire d'une Pyralide sous le nom de *Catastia Pyraustoïdes Erschoff*, succinctement décrite par ce dernier dans les Horae Soc. Ent. Rossicae XII (1876—77), p. 340. Ce lépidoptère noirâtre, à ailes antérieures ponctuées de noir profond et ayant la moitié postérieure de l'abdomen d'un jaune d'or, tout en rappelant par ces couleurs et le dessin de ses ailes antérieures certaines Tinéides du genre *Psecadia*, spécialement la *Ps. Pyrausta Pallas*, a cependant le faciés général des espèces de *Catastia*, genre de Phycides, aussi aux ailes noirâtres mais frangées de jaune. Je fus donc bien étonné en examinant, avant de placer cette nouvelle acquisition dans ma collection, ses caractères génériques et en les comparant à ceux du genre *Catastia*—de trouver des différences très-importantes. Ces différences sont de nature à défendre non seulement de ranger l'espèce parmi celles du genre que je viens de nommer, mais elles ne permettent même pas de la considérer comme appartenant aux Phycides, sous-famille des Pyralides. En effet, ses caractères principaux lui assignent une place dans une tout autre sous-famille, savoir dans les Botydes où elle exige en outre la formation d'un nouveau genre. Je vais tâcher de m'expliquer et de légitimer cette assertion.

Quand on considère la famille des Pyralides en son entier, on voit bientôt qu'elle se divise naturellement en quelques grands groupes qu'on peut désigner, d'après les noms anciens de leurs genres principaux, par les dénominations de *Botydae* (de *Botys* Tr.), *Crambidae* (de *Crambus* Fabr.), *Galleridae* (de *Galleria* Fabr.), et *Phycidae* (de *Phycis* Zincken). Cependant, lorsqu'il s'agit d'assigner des limites précises à ces grands groupes, on s'aperçoit bientôt que cette entreprise n'est nullement aisée, puisque les différences saillantes qui, à la première vue, séparent la masse des espèces dans ces quatre groupes, s'effacent dans une foule de genres intermédiaires, qui font ainsi le passage. Herrich-Schäffer, Lederer et von Heinemann ont tous tâché de caractériser ces quatre sous-familles, mais nul de ces trois entomologistes si distingués n'a pleinement réussi à le faire. Il serait oiseux de démontrer au long en quoi leurs diagnoses sont plus ou moins défectueuses. Von Heinemann l'a fait pour celles que donnent Herrich-Schäffer et Lederer, mais les caractères qu'il indique lui même laissent aussi encore à désirer. Cependant, je dois relever que, quant aux Phycides, sa diagnose est assez satisfaisante. En effet, le manque de la nervure 7-e aux ailes antérieures qui se trahit immédiatement par le fait qu'on n'aperçoit plus qu'une seule nervure horizontale, savoir la 6-e, entre la nervure 5-e et le sommet de l'aile, désigne—vu que chez tous les Pyralides les nervures 8 et 9 se dirigent vers le bord antérieur—déjà suffisamment cette sous-famille. Von Heinemann a donc raison en avançant d'abord ce caractère. Quant à celui qu'il énonce ensuite „Rippe 1 nicht gegabelt" (la nervure 1-e non fourchue

c. à. d. vers la base), je n'en denie pas la justesse, mais il est si difficile à constater sans qu'on dénude l'aile, que je ne voudrais pas le produire. J'ai donc proposé [1]) de le remplacer par un autre qui est bien plus facile à voir, c. à d. l'origine de la nervure 2-e des premières ailes qui se trouve auprès du bout de la nervure sous-médiane (bord intérieur de la cellule discoïdale), tandis que, chez les autres sous-familles des Pyralides, cette nervure se sépare déjà de la sous-médiane vers les quatre cinquièmes et est par conséquent bien plus longue. J'ai trouvé ce caractère constant et, joint au manque de la nervure 7-e, il fait reconnaître sans difficulté une Phycide quelconque. J'ajoute, pour achever de distinguer les Phycides des Crambides qui leur ressemblent beaucoup par la forme des ailes et souvent aussi par celle des palpes labiaux, que les palpes maxillaires ne sont, chez les Phycides, jamais triangulaires ni aussi bien visibles que chez les Crambides et que la nervure transversale des ailes postérieures ou secondes ailes n'est pas interrompue (quoique amincie) au milieu et toujours courbée régulièrement, pas brisée.

On obtient donc pour les *Phycidae* les caractères suivants: „Ailes antérieures sans nervure 7-e; leur nervure 2-e ne se séparant que vers le bout de la sous-médiane, égalant en longueur les nervures 3—5. Nervure transversale des ailes postérieures pas interrompue, courbée. Palpes maxillaires jamais triangulaires, ne s'adaptant pas aux palpes labiaux".

Quand on examine maintenant la *Catastia Pyraustoïdes* on voit que, nonobstant son faciés phycidiforme, ses ailes antérieures étroites, à bord postérieur perpendiculaire, faiblement courbé et ses ailes postérieures assez larges, cette espèce ne saurait être considérée comme une Phycide—ses palpes labiaux en forme de bec la rejettant d'ailleurs immédiatement hors

[1]) Vlinders van Nederland, Microlepidoptera. Leiden, (Brill) 1882 p. 9.

du genre *Catastia*—puisque la nervure 7-e des ailes antérieures est très-manifestement présente et parce que la nervure 2-e émerge des trois-quarts de la sous-médiane, bien avant la 3-e et beaucoup plus longue qu'elle. De plus, la nervure transversale des ailes postérieures est fortement brisée et les palpes maxillaires sont triangulaires. Tout ce qui constitue une Phycide manque donc absolument et même il y a quelques raisons pour poser la question si l'on n'aurait pas affaire ici à quelque Crambide aberrante. Mais bientôt on trouve une foule de différences, qui s'opposent au placement dans cette sous-famille. Je n'ai qu'à indiquer le faciès général, la couleur, le dessin des ailes supérieures, la forme des palpes labiaux qui n'ont qu'une ressemblance éloignée avec ceux des Crambides; la forme des ailes postérieures, la brièveté de leur frange, la rareté des poils sur le bord intérieur de leur cellule discoïdale, la longueur plus grande de la nervure 11-e des ailes antérieures, sa direction franchement oblique et son origine peu éloignée de la nervure 10-e, tous caractères complètement différents chez les Crambides. En effet, puisque la nervure 8-e des ailes postérieures fait, sur toute la longueur de son second tiers, entièrement corps avec la nervure 7-e, la *Pyraustoides* ne saurait appartenir qu'à mes *Botydae* [1]). Quand on cherche maintenant à déterminer la place précise que doit occuper cette espèce à l'aide de la table analytique des genres de la famille des Pyralides que donne M-r Lederer dans sons oeuvre classique „Beitrag zur Kenntniss der Pyralidinen" (Wiener Entom. Monatsschrift VII (1863)) on la trouve dans la section 78 où elle se distingue des genres *Nomophila* et *Agathodes* (*Stenurges* Led.) par l'origine de la nervure 7 qui sort du tronc commun de 8 et 9, tandis qu'elle émerge de la cellule même chez les deux genres que je viens de

[1]) Voir l'ouvrage cité plus haut.

nommer. De plus, elle n'a nulle ressemblance avec les espèces qui composent ces genres, cela se voit au premier coup d'oeil.

Je propose donc un nouveau genre sous le nom de:

Amphibolia

dont voici la description:

Tête médiocre, distincte, revêtue d'écailles lisses, à reflet verdâtre quelque peu métallique, la face perpendiculaire, plate, d'un tiers moins longue que large. Yeux simples ou ocelles distincts, situés à la place ordinaire; yeux composés un peu plus étroits que la face. Trompe roulée. Palpes labiaux en bec, un peu plus longs que deux fois la tête, un peu pendants, surtout leur dernier article. Ils sont d'ailleurs assez épais, unicolores, lisses, à articles très-distincts. Le premier article a une petite barbiche, le second est plus long et plus étroit, le troisième, en cône un peu tronqué, est plus court et plus étroit que le second. Palpes maxillaires distincts, triangulaires. Antennes du ♂ (je ne connais pas la ♀) à base simple et courte, leur tige sétiforme, assez large, aplatie, à ciliation très-courte; leurs articles sont fort indistincts. Ils ont d'ailleurs la longueur de trois-cinquièmes du bord antérieur des premières ailes. Thorax plus large que la tête, ovale, un peu déprimé, revêtu d'écailles luisantes comme la tête.

Premières ailes étroites, très-peu élargies en arrière. Leur bord antérieur ne montre qu'une courbe très-faible, le bord intérieur est droit et égale presque le bord opposé en longueur. Bord postérieur ou terminale un peu plus long que le tiers du bord antérieur, perpendiculaire, courbé faiblement et d'une manière régulière. Le sommet de l'aile est rectangulaire, pas très-aigu; l'angle anal plus arrondi.

Ailes postérieures une fois et demie plus larges que les ailes antérieures, leurs angles assez obtus, le bord postérieur courbé très-régulièrement et le bord intérieur a les deux tiers de la longueur du bord antérieur. Vestiture des ailes dense, celle des premières lisse, des secondes mate. Frange courte, de longueur égale partout.

La nervulation des ailes est détaillée plus haut. Je rapelle seulement que les antérieures ont 12 nervures qui ne sont pétiolées nulle part; la 10-e émerge de la cellule.

En outre, je renvoie le lecteur aux figures de la planche ci-jointe (Pl. X), mon ami M-r Brants, ayant eu l'obligeance extrême de m'assister de son talent et de figurer la **Pyraustoïdes** avec quelques détails.

Pattes assez fortes, de structure normale; elles sont revêtues d'écailles luisantes, à reflet métallique.

Abdomen un peu conique, tronqué, le dos arrondi, la vestiture fine et lisse, le bouquet anal court.

Des premiers états rien ne m'est connu.

Pyraustoïdes Erschoff. Horae Soc. Ent. Ross. T. XII, p. 340 ♂♀ [1]) 22—23 millimètres.

Palpes, tête et thorax d'un noir un peu bronzé, à reflet verdâtre. Antennes d'un noir mat. Ailes antérieures lisses, d'un gris-noirâtre un peu ardoisé, uniforme, à frange d'un gris de fer luisant, marquées de deux rangées transversales de points d'un noir profond et velouté. Ceux de la première rangée, au nombre de trois, sont plus gros que la plupart des autres. Les deux inférieurs se trouvent vers les deux cinquièmes de la longueur de l'aile, dans les cellules 1-a et 1-b, le supérieur (troisième) plus en arrière, sur la nervure transversale. Des points de la seconde rangée, l'inférieur se voit dans la cellule 1-b, vers les quatre-cinquièmes et les autres, au nombre de cinq, sur une ligne courbée, dans les cellules 2—6, mais les trois inférieurs sont à peine visibles.

[1]) Suivant M-r Erschoff.

Ailes postérieures d'un noir de suie jusqu'au trois quarts, le reste sans limite bien tranchée, gris noirâtre. Frange grise, un peu luisante. Abdomen noir, la partie dorsale du quatrième segment et le reste avec la brosse anale d'un jaune orangé.

Dessous d'un gris-brunâtre, unicolore et sans dessins. Frange comme en dessus. Pattes noires à reflet bronzé verdâtre.

On pourrait placer le nouveau genre entre *Hellula* Guenée et *Aporodes* Guenée. Je lui trouve aussi des affinités, éloignées il est vrai, avec *Heliothela* et je suis heureux de pouvoir ajouter que M-r Erschoff, consulté sur la question, est aussi de mon avis quant à la nécessité d'un nouveau genre.

Rotterdam.
11/23 Décembre 1883.

Lepidopterologische Mittheilungen

VON

G. GRUMM-GRSHIMAÏLO.

I. Über die Coliaden von Sarepta.

In der Umgegend von Sarepta fliegen drei *Colias*-Arten: *Hyale* L., *Erate* Esp. und *Edusa* Fabr.; sie erscheinen in solch einer Menge origineller Formen, dass es mir nicht ohne Interesse scheint, einiger derselben besonders zu erwähnen.

Colias Hyale L. — fliegt von Mai bis Mitte September, während die ab. *Sareptensis* Stgr., die sich durch Intensität der Färbung und bedeutendere Grösse auszeichnet, gleichzeitig mit *Erate*, nicht vor Ende Juli, erscheint. Über die ab. *Sareptensis* ist nicht wenig geschrieben worden; viele erkennen sie als Aberration an, andere—unter ihnen auch S. Alpheraki, ein tüchtiger Kenner der Coliaden, — sehen keinen scharfen Unterschied zwischen dem Typus und der Aberration. Ich wage nicht, mich hier definitiv darüber auszusprechen und möchte nur bemerken, dass ich auf meinen wiederholten Excursionen in verschiedenen Gebieten Süd-Russlands, nirgends, ausgenommen bei Sarepta, der ab. *Sareptensis* ähnliche Exemplare gefangen habe.

Diesen Sommer (1883) habe ich bei Sarepta auch einige Bastarde von *Hyale* gefangen, unter denen solche von *Hyale* und *Edusa* besonders interessant sind. Sie haben den Habitus von *Hyale* und die orange Färbung von *Edusa* [1]). Andere Bastardformen von *Hyale*, bekannt unter dem Namen hybr. *Sareptensis* Stgr., sind Mischlinge von *Hyale* und *Erate*, in denen bald die eine, bald die andere Art stärker ausgeprägt ist.

Es gelang mir auch diesen Sommer acht interessante Aberrationen von *Hyale* zu fangen, die durch folgende Abweichungen charakterisirt sind.

Ein schwarzes Band zieht sich vom Mittelfleck (punctum centr.) bis zur Saumbinde (limbus extern.), in die es allmählig übergeht; die Saumbinde ist sehr stark entwickelt und reicht fast bis zur Mitte der Vorderflügel, die dadurch ein ganz eigenthümliches Aussehen haben und um so auffallender erscheinen, als den Hinterflügeln die Saumbinde fast gänzlich fehlt. Es ist, als hätte sich das schwarze Pigment nur auf den Vorderflügeln concentrirt!

Eine andere Eigenthümlichkeit dieser Aberration besteht in der besonderen Färbung der Unterseite der Vorderflügel sowohl, wie der Hinterflügel. Man bemerkt hier Folgendes: der schwarze Mittelfleck ist deutlich, sowie auch die Saumpunkte auf den Vorder- und Hinterflügeln; nur sind sie auf letzteren nicht schwarz, sondern braun. Von jedem dieser Saumflecken ziehen, in der Richtung zur Wurzel hin, Schattenstreifen und zwar von entsprechender Färbung, d. h. auf den Vorderflügeln sind sie schwarz, auf den Hinterflügeln—braun. Diese

[1]) S. Alpheraki theilte mir mit, dass er einen solchen Bastard aus dem nördlichen Kaukasus besitze.

Schattenstreifen verschmelzen mit einander und werden allmählig undeutlich in der Richtung zur Wurzel hin; zum Saume hin brechen sie scharf ab und bilden eine hübsche dunkle Beschattung, einerseits des Discus, anderseits des Randes.

Aehnliche Aberrationen zeigen auch einige Bastarde von *Hyale* und *Edusa* (♂), von *Edusa* Fabr. (♀) und ? *Chrysodona* Kind. (♂). Letzteres Exemplar bietet noch einige andere interessante Eigenheiten, die ich später anführen werde.

Da diese Aberration nicht nur Sarepta eigenthümlich, sondern von S. Alpheraki auch bei Taganrog gefunden worden ist, so schlage ich für dieselbe, mit Rücksicht auf die charakteristische Zeichnung, den Namen *Nigrofasciata* vor.

Colias Erate Esp. – fliegt in der Umgegend von Sarepta in zwei Generationen. Die erste Generation erscheint im Mai; die zweite fliegt von Mitte Juli bis Ende August. Die Stücke der beiden Generationen zeigen keine wesentlichen Unterschiede. *Pallida* Stgr. ist hier keine grosse Seltenheit, obgleich sie im Allgemeinen seltener, als die gelbe Form. Bastarde von *Erate* und *Edusa*, in verschiedenen Verhältnissen, sind hier häufig. Die Färbung einiger Stücke unterscheidet sich durch Nichts von der von *Edusa* und nur die Anwesenheit der für *Erate* charakteristischen schwarzen Saumbinde und die Abwesenheit der mehligen Basalflecken (taches empesées) lassen keinen Zweifel in Bezug auf ihre Abstammung zu. Anderseits giebt es solche Exemplare, welche, dem Habitus und der Färbung nach, *Erate* gleichen, während sie im Übrigen mit *Edusa* übereinstimmen. Ein derartiges Exemplar, das ich meinem Freunde Alpheraki zugesandt hatte, brachte letzteren in Verlegenheit; es schien dasselbe seine Theorie über die s. g. „taches empesées“ von Grund aus zu erschüttern. Eine nähere Untersuchung des Exemplars führte jedoch zum entgegengesetzten Schlusse und diente nur dazu, seine Theorie noch zu bekräftigen. Alpheraki schreibt [1]): „dort, wo er (der mehlige Basalfleck) dem männlichen Geschlecht einer Art zukommt, er bei allen Exemplaren constant und völlig entwickelt vorhanden ist und bei ♂♂ solcher Arten nie fehlen kann". In der That zeigte der Vergleich meines Exemplares mit mehr, als 40 ♂♂ *Erate* aus verschiedenen Gegenden, dass dasselbe mit keinem der letzteren identisch sei. Ausser den klar hervortretenden Basalflecken bildet die, wie bei *Edusa*, breite Saumbinde der Vorderflügel und die intensiv schwarze Saumbinde der Hinterflügel das Hauptmerkmal dieses originellen Exemplars. „Alle diese obengenannten Eigenthümlichkeiten", schreibt mir Alpheraki, „bringen mich unwillkürlich auf den Gedanken, dass dieses Exemplar wohl ein Hybride von *Erate* und *Edusa* sein könne, in dem *Erate* die dominirende Form bildet!?"

Ausser diesen Stücken, die gleichsam die Gränzformen von *Chrysodona* Kind. (*Helichta* Ld.) darstellen, fing ich noch eine Anzahl von Übergangsformen, unter denen vorzüglich e i n e noch besondere Erwähnung verdient. Auf den sonst vollkommen normalen Vorderflügeln bemerkt man eine Reihe schwarzer Schuppen, die zwischen dem Mittelflecke und der Saumbinde einen Halbschatten bilden. Die Hinterflügel dagegen sind sehr originell; ihre orange Färbung geht zur Saumbinde in citronengelb über, und, entsprechend dieser orangen Färbung, bemerkt man im Discus der Unterseite einen förmlich eingestickten braunen Fleck, in dem man wiederum deutlich das braun umzogene *punctum discocellulare* sieht.

Es bleibt mir nur noch übrig, einige Worte über einen Hermaphrodit von *C. Erate* zu sagen. Als Dr. Staudinger den Zwitter von *C. Alpherakii* Stgr. beschrieb, den er von dem Alai-Gebirge bekommen hatte, bemerkte er: „unter circa 100

---

[1]) Stett. Entom. Zeit. 1883, pag. 489.

Lepidopteren-Hermaphroditen, die ich besitze, befindet sich nur noch einer von *Colias*, eine *Edusa*, die links männlich, rechts weiblich und zwar in der weissen *Helice*-Form ist" [1].

Der Hermaphrodit meiner Sammlung, den ich bei Sarepta fing, ist eine Mischung eines gelben ♂ mit einer weissen Form des ♀ (*Pallida* Stgr.); die rechte Seite dieses interessanten Exemplars ist männlich, die linke—weiblich. Der Hermaphroditismus ist vollständig.

Colias Edusa Fabr. — Über diese Art habe ich nicht viel zu sagen. Sie erscheint im August und ist in der Umgegend von Sarepta bedeutend seltener, als die vorher genannten zwei Arten. Die Form *Helice* Hb. fing ich nur ein einziges Mal und zwar an einem Orte, wo ich während meiner langen Aufenthaltszeit keine anderen *Colias*-Arten bemerkt habe.

Bei dieser Gelegenheit erlaube ich mir noch einige Worte über *Colias Chrysotheme* Esp. hinzuzufügen. Ich fing sie in den Jahren 1879 und 1880, zwar auch im Saratow'schen Gouvernement, aber nur bei Atkarsk, nördlich von Sarepta; auch in diesem Jahre traf ich sie auf meiner Reise von S-O. Russland nach Atkarsk. Bei Sarepta ist diese Art noch nicht beobachtet worden, während sie bei Atkarsk recht häufig ist; sie scheint keine Concurrenz zu vertragen; ihre Verbreitung ist sehr beschränkt und, wo sie fliegt, bemerkte ich von anderen Coliaden nur noch *C. Hyale*. Diese Beobachtung wird theilweise durch folgende Mittheilung von Alpheraki bestätigt: „Ich traf diese Art (*C. Chrysotheme*) in Taganrog bis 1872 nicht; in diesem Jahre erschien sie im April plötzlich in grosser Menge... in der Steppe, in Gärten, auf Sümpfen. In demselben Jahre waren die übrigen *Colias*-Arten weniger häufig,

[1] Berliner Entomol. Zeitschr. Bd. XXVI, Hft. I, p. 165.

als gewöhnlich. Im Jahre 1873 war diese Art schon sehr selten" [1]).

Leider habe ich in der Literatur nicht gefunden, ob für andere Fundorte, wie z. B. Ungarn, ähnliche Beobachtungen vorliegen.

Bei Atkarsk gelang es mir, eine ganze Suite von *Chrysotheme* zu fangen, angefangen von ganz hellen, bei denen das orange Pigment vollkommen fehlt, bis zu grell orangen Stücken, deren Färbung sich von der der *Myrmidone* Esp. nur wenig unterscheidet.

II. Über Apatura Bunea HS. und ab. Metis Frr.

Es gelang mir diesen Sommer in der Umgegend von Sarepta über 200 ♂♂ und gegen 40 ♀♀ dieser Art zu fangen; wohl nur wenigen Lepidopterologen stand ein solches Material zur Verfügung und es ist möglich, dass dies der Grund ist, wesshalb Niemand *Ap. Bunea* HS. als eine selbstständige, vollständig abgesonderte erkannt hat, deren Aehnlichkeit mit *Ilia* Schiff. nur oberflächlich ist und nur dadurch erklärt werden kann, (wie dies auch Alpheraki meint), das *Ilia* Schiff. und *Bunea* HS. wahrscheinlich Abkömmlinge einer und derselben Stammart sind. Man kann wohl dem zustimmen, da einerseits die aus Mohilew stammenden *Ilia* in mancher Beziehung *Bunea* gleichen, während andererseits unter meinen vielen *Metis* einige Exemplare in Bezug auf die Form der Vorderflügel an *Clytie* Schiff. erinnern. Im Allgemeinen sind aber diese Exemplare leicht zu unterscheiden und zwar nach einigen Merkmalen, die alle meine *Bunea-Metis* ganz constant zeigen.

---

[1]) Trudy d. Russ. Ent. Ges. Bd. VIII. pag. 155.

Bunea HS. hat im Allgemeinen eine geringere Grösse, als *Ilia* Schiff, wobei zu bemerken ist, dass wenige Exemplare von der für diese Art normalen Form abweichen. Der Habitus der Vorder- und Hinterflügel von *Bunea-Metis* unterscheidet sich wesentlich von dem der *Ilia-Clytie*, wenn auch dieser Unterschied schwer zu beschreiben ist. Der Saum der Vorderflügel ist immer mehr ausgeschnitten, d. h. er geht unter einem schärferen Winkel zur Mitte des Flügels; die Hinterflügel, die im Ganzen mehr abgerundet sind, haben dabei eine merkliche Erweiterung in der Richtung zum Afterwinkel hin, wodurch der Schmetterling ein eigenthümliches Aussehen erhält. Diese Erweiterung entsteht in Folge eines Vorsprunges, der durch eine starke Entwickelung von Rippe 3 gebildet wird. Ueberhaupt treten bei *Bunea-Metis* alle Rippen stärker hervor, wodurch der Saum der Vorder- und Hinterflügel ein gewelltes Aussehen erhält.

Was die Zeichnung der Ober-und Unterseite der Flügel dieser Schmetterlinge anbetrifft, so bemerken wir hier einen noch schärferen Unterschied. Aus einer Reihe sehr genauer Messungen der Augenflecke der Vorder-und Hinterflügel ergaben sich folgende Resultate:

		Bunea Hb.	*Metis* Frr.	*Ilia* Schiff.	*Clytie* Schiff.
Der Augenfleck der Vorderflügel.					
Grösse des gelben Fleckes	längs der grossen Axe	4,5—4,0 mm.	4,7—4,4 mm.	4,1—4,0 mm.	5,1—5,0 mm.
	längs der kleinen Axe	2,0—2,0 „	2,5—2,0 „	3,4—3,3 „	3,5 „
Grösse des schwarzen Fleckes.	längs der grossen Axe	2,0—0,5 „	2,0—0,0 „	3,5 „	3,5—3,0 „
	längs der kleinen Axe	1,5—0,5 „	2,0—0,0 „	3,0 „	3,0 „

		Bunea Hb.	*Metis* Frr.	*Ilia* Schiff.	*Clytie* Schiff.
Der Augenfleck der Hinterflügel.					
Grösse des gelben Fleckes	längs der grossen Axe	2,0—0,0mm.	3,0—0,0mm.	3,5—3,0mm.	3,5—3,0mm.
	längs der kleinen Axe	1,5—0,0 „	2,0—0,0 „	3,0 „	3,0 „
Grösse des schwarzen Fleckes	längs der grossen Axe	0,5—0,0 „	0,5—0,0 „	2,0 „	2,0 „
	längs der kleinen Axe	0,3—0,0 „	0,3—0,0 „	2,0 „	2,0 „

Diese Zahlenwerthe erweisen, wovon sich Jeder leicht überzeugen kann, dass bei *Bunea-Metis* das gelbe Feld der Augenflecken, das in seiner Grösse stärker variirt, als bei *Ilia-Clytie*, eine länglichere, elliptische Form hat, während der schwarze Fleck kleiner ist oder vollkommen fehlt. Beim Vergleichen der Augenflecken der Hinterflügel bemerkt man noch auffallendere Unterschiede. Während bei *Ilia-Clytie* die Augenflecken grösser und beinahe kreisförmig sind, sind sie bei *Bunea-Metis* bedeutend kleiner und stark ausgedehnt in der Richtung nach oben, oder fehlen bisweilen vollständig. Der schwarze Kernfleck (Innenfleck), welcher oft fehlt, reducirt sich zuweilen auf einen unbedeutenden Punkt; dabei haben die schwarzen Flecken bei *Ilia-Clytie* die Form echter Augen mit einem weissen Kern, während letzteres bei *Bunea-Metis* niemals zu bemerken ist.

Ausserdem zeigt sich in den beiden Gruppen dieser Schmetterlinge ein wesentlicher Unterschied in der Mittelbinde der Hinterflügel und in der Richtung derselben. Bei *Bunea-Metis* geht die Mittelbinde, welche in ihrer ganzen Länge gleich breit ist, dem Rande parallel und bildet somit einen hervortretenden Winkel; bei *Ilia-Clytie* dagegen bemerkt man gerade das Gegentheil: die Mittelbinde, welche sich allmälig verschmälert, entfernt sich bedeutender vom Saume und ist auch nicht so scharf begränzt; dabei bildet sie nie einen hervortretenden Winkel.

Diesen Unterschied ersieht man genauer aus folgenden Ziffern:

		Metis.	*Clytie.*
Entfernung längs einer gewissen Rippe vom Hinterleibe bis zum Saume der Hinterflügel.	. . . . . .	21 mm.	23 mm.
Entfernung längs einer gewissen Rippe vom Hinterleibe bis zum innern Rande der Mittelbinde.	oben. . . .	9 mm.	9 mm.
	unten . . .	10 mm.	9 mm.
Entfernung längs einer gewissen Rippe vom Saume bis zum äussern Rande der Mittelbinde.	oben. . . .	8 mm.	6 mm.
	in der Mitte	9 mm.	10 mm.
	unten . . .	9 mm.	11 mm.

Diese Zahlen bedürfen schwerlich eines weiteren Commentars.

Ausser den oben genannten Unterschieden zwischen den beiden Gruppen finde ich nöthig, noch folgende hervorzuheben:

1) Die beiden Flecken auf den Vorderflügeln, welche die Fortsetzung der Mittelbinde bilden, unterscheiden sich bei *Bunea-Metis* wesentlich von denen bei *Ilia-Clytie.*

2) Dasselbe kann man auch von den Flecken über den Augenflecken der Vorderflügel sagen; bei *Bunea-Metis* sind sie stärker entwickelt und haben immer eine längliche, elliptische Form, während sie bei *Ilia-Clytie* vollkommen kreisförmig sind und eine geringere Grösse haben.

3) Auf der Unterseite wiederholt sich alles, was für die Oberseite als unterscheidend angeführt worden.

Alle diese Merkmale, sowie noch manche andere (z. B. die verschiedene Form der Saumflecke), genügen, meiner Ansicht nach, *Bunea* HS. als selbstständige Art zu betrachten. Diese Ansicht wird theilweise durch die eigenthümliche geographische Verbreitung der Art unterstützt. *Bunea* HS. ist, ausser in Sarepta, nur noch am Amur bei Chabarowka (*Metis*) und nach Freyer in (?) Ungarn gefunden worden [1]).

ab. **Coelestina.** — Ausser den typischen *Metis* gelang es mir einige ziemlich abweichende Exemplare zu fangen, die ich mir erlaube unter dem Namen *Coelestina* einzuführen. Der Schiller dieser Stücke ist stärker und nicht lilaroth, sondern zart himmelblau; ausserdem ist das Saumband bedeutend breiter (obgleich variabel) und reicht bis zu den Flecken, mit denen es sich vereinigt; auch die Mittelbinde ist etwas breiter. Die Aberration ist im Ganzen heller, als die typische *Metis*; das einzige Weibchen, das ich besitze, zeigt die angeführten Unterschiede in noch höherem Grade, als die Männchen.

III. Melitaea Cinxia L. ab.

Ein Exemplar von M. *Cinxia* L., das ich diesen Sommer bei Sarepta fing, bietet ein interessantes Beispiel vollständigen Albinismus dar.

Die Grundfarbe der Flügel, die Palpen, der Unterleib, sowie der betreffende Theil der Füsse ist rein weiss; das rothbraune Pigment ist nur auf den Fühlern vorhanden. Die

---

[1]) Als Vergleichs-Material dienten mir gegen 30 Stück *Ilia* aus Mohilew, Pensa, Taganrog (*Clytie* ♀) und Deutschland.

schwarze Zeichnung ist identisch mit der der typischen *Cinxia*. Das Exemplar ist leider nicht ganz frisch, obgleich es kurz nach dem ersten Erscheinen der *Cinxia* gefangen wurde.

IV. Triphysa Phryne Pall. hermaphr.

Unter den wenigen Exemplaren dieser Art, die es mir diesen Mai zu fangen gelang, befindet sich ein Hermaphrodit, dessen rechte Seite weiblich ist, während die linke zum grösseren Theil die Färbung des ♂ hat. Letzteres verleiht dem Exemplar ein höchst eigenthümliches Aussehen. Die braunen Hinterflügel sind gleichsam mit weissen Fetzen geflickt; die Vorderflügel haben nur in der Nähe der Wurzel zwei weisse Flecken. Der Thorax und Hinterleib sind etwas abgerieben, dennoch sieht man die weissliche Beschuppung des ♀ deutlich. Für dieses Genus dürfte dies das erste bekannt gewordene Beispiel von Hermaphroditismus sein.

V. Zygaena Sedi F.

In der Umgegend von Sarepta fliegen nur folgende Zygaena-Arten: *Z. Erythrus* Hb., var. *Dystrepta* F. d. W., var. *Centaureae* F. d. W., *Sedi F.*, *Laeta* Hb., und *Carniolica* Sc. Am häufigsten von ihnen sind: var. *Dystrepta* und *Carniolica*. *Erythrus* und *Laeta* sind auch nicht selten, kommen jedoch nur vereinzelt vor. *Sedi* und var. *Centaureae* sind nur auf gewisse Plätze beschränkt. Es gelang mir, von *Sedi* über 150 Exemplare zu fangen, wie gesagt, nur an einigen Stellen, an denen, meiner Mittheilung zufolge, auch Herr A. Becker gegen 50 Stück erbeutete. Trotz eifrigen Suchens sah ich an diesen Stellen kein einziges Exemplar von var. *Dystrepta* und *Erythrus*.

VI. Harpyia Aeruginosa Chr.

Diese seltene Art, von der H. Christoph 2 ♂♂ und 1 ♀ aus der Raupe gezogen [1]), wurde von mir dieses Jahr am Lampenlicht gefangen. *H. Aeruginosa* fliegt gleichzeitig und in demselben Rayon mit *H. Interrupta* Chr.; beide wurden zwischen dem 15. u. 18. Juli a. St. am Ufer der Sarpa gefangen.

VII. Zegris Eupheme ab. Tschudica HS.

Als Beitrag zur geographischen Verbreitung dieser schönen Aberration gestatte ich mir mitzutheilen, dass ich 7 Exemplare derselben bei Sarepta gefangen. Auch H. Christoph hat sie bereits bei Sarepta beobachtet, jedoch nirgends dieselbe erwähnt.

St. Petersburg.
November 1883.

---

[1]) Horae. Soc. Ent. Ross. T. IX, pag. 4.

TABLE ALPHABÉTIQUE

des noms de genres, d'espèces, de variétés et d'aberrations, mentionnés

dans ce volume.

(Les variétés et les aberrations sont marquées en italiques).

Acantholipes Ld.
Regularis Hb 137
Acherontia O.
Atropos L 69
Acidalia Tr.
Beckeraria Ld 153
Halimodendrata Ersch . . . 153
Acontia O.
Albicollis F. 128
Clio Stgr. 145
Dentata Stgr. 142
Eylandti Chr. 128
Hueberi Ersch. 128, 153
Lucida Hufn. 127, 153
Aedophron Ld
Phlebophora Ld. 127
Agrophila B.
Trabealis Sc. 136
Agrotis O.
Conspicua Hb. 119
Contrita Chr. 118
Devota Chr. 116
Flammatra Hb. 116
Forcipula Hb. 116
Orbona Hufn. 116
Renigera Hb. 118
Segetum Schiff. 152
Simulans Hufn. 116
Spinosa Stgr. 119
Amphibolia Sn. nov. gen. . 159
Pyraustoides. 160
Amphipyra O.
Tragopogonis L. 123, 153
Anthocharis B.
Ausonia Hb. 45
Belia Cr. 45
Cardamines L. 45
Charlonia Donz. 99
Grueneri HS. 45
Pulverata Chr. 99
Pyrothoë Ev. 101
Tomyris Chr. 99
Turritis O. 45
Anthophilodes Gn.
Baphialis Ld. 154
Erubescens Chr. 154
Mœschleri Chr. 154
Turanica Chr. 154
Apatura F.
Bunea HS. 167
Clytie Schiff. 54
Coelestina Grumm. 171
Ilia Schiff. 167
Metis Frr. 167

Aporia Hb.
Crataegi L. 44, 98
Arctia Schrk.
Angelica B. 87
Caecilia Stgr. 88
Caja L. 87
Confluens Rom. 87
Hebe L. 88
Mannerheimii Dup. . . . 109
Purpurata L. 88
Villica L. 87
Wiscotti Stgr. 87
Argynnis F.
Adippe L. 58
Aglaja L. 58
Alexandra Mén. 58
Caucasica Stgr. 57
Cleodoxa O. 58
Daphne Schiff. 57
Dia L. 57
Eris Meig. 58
Euphrosyne L. 57
Hecate Esp. 58
Ino Esp. 58
Laodice Pall. 58
Lathonia L. 58, 104
Niobe L. 104
Pandora Schiff. 58, 104
Paphia L. 58
Argyrospila HS.
Succinea Esp. 123
Armada Stgr. nov. gen.
Clio Stgr. 145, 153
Dentata Stgr. 142, 153
Axiopoena Mén.
Maura Eichw 86, 109
Botys Tr.
Rupicapralis Ld. 151
Bryophila Tr.
Maconis Ld. 116
Raptricula Hb. 116
Calamia Hb.
Phragmitidis Hb. 123, 152
Callimorpha Latr.
Dominula L. 86
Hera L. 86
Rossica Kol. 86
Calophasia Stph.
Christophi Ersch. 137
Caradrina O.
Ambigua F. 123
Exigua Hb. 123, 152
Quadripunctata F. 123
Carterocephalus Ld.
Palaemon Pall. 68
Catastia Hb.
Pyraustoides. 155
Chariclea Stph.
Delphinii L. 127
Chondrostega Ld.
Hyrcana Stgr. 115
Cidaria Tr.
Fluviata Hb. 154
Cigaritis Luc.
Acamas Klug. 102
Cledeobia Dup.
Provincialis Dup. 154
Coenonympha Hb.
Arcania L. 65
Iphis Schiff. 65
Leander Esp. 65
Lyllus Esp. 65
Pamphilus L. 65, 106
Saadi Koll. 65
Symphita Ld. 65
Colias F.
Aurorina HS. 47, 101
Edusa F. 47, 101, 166
Eos HS 46
Erate Esp. 46, 101, 164
Helice Hb. 47
Helichta Ld. 46, 101
Hyale L. 46, 162
Myrmidone Esp. 46
Olga Rom. 46
Pallida Stgr. 46
Sareptensis Stgr. 46
Thisoa Mén. 46
Cossus F.
Holosericeus Stgr. 141
Nobilis Stgr. 139
Cucullia Schrk.

Argentina F. 126
Boryphora Ev. 126
Deilephila O.
Alecto L. 71
Celerio L. 71
Elpenor L. 71
Esulae B. 70
Euphorbiae L. 70
Galii Rott. 70
Hippophaës Esp. 70
Livornica Esp. 71, 108
Nerii L. 71
Nicaea Prun. 70
Paralias Nick. 70
Porcellus L. 71
Suellus Stgr. 71
Vespertilio Esp. 70
Zygophylli O. 70
Deiopeia Stph.
Pulchella L. 85, 152
Earias Hb.
Chlorana L. 82
Vernana Hb. 82
Emprepes Ld.
Pentodontalis Ersch. . . . 154
Emydia B.
Striata L. 85
Endagria B.
Agilis Chr. 113, 152
Clathrata Chr. 114
Salicicola Ev. 115
Epinephele Hb.
Comara Ld. 64
Davendra Moore 105
Dysdora Ld. 106
Hispulla Hb. 65
Hyperanthus L. 65
Janira L. 64
Interposita Ersch. 106
Lupinus Costa. 64, 106
Lycaon Rott. 64
Narica Hb. 106
Epischnia Hb.
Prodromella Hb. 154
Episema O.
Antherici Chr. 121
Erastria O.
Obliterata Rbr. 132
Erebia B.
Aethiops Esp. 60
Dalmata God. 105
Dromus HS. 60
Hewitsonii Ld. 60
Maracandica Ersch. . . . 105
Medusa F. 60
Melancholica HS. 60
Melusina HS. 60
Pronoë Esp. 60
Psodea Hb. 60
Stygne O. 60
Euchelia B.
Jacobaeae L. 85
Euclidia O.
Mirifica Ersch. 153
Eucrostis Hb.
Herbaria Hb. 153
Euprepia HS.
Rivularis Mén. 88
Eurycreon Ld.
Sticticalis L. 154
Euterpia Gn.
Laudeti B. 127
Gnophos Tr.
Colchidaria 153
Gnophria Stph.
Quadra L. 85
Rubricollis L. 85
Grapta Kirby. 104
Hadena Tr.
Monoglypha Hufn. 123
Harpyia O.
Aeruginosa Chr. 173
Vinula L. 115
Heliothis Tr.
Armiger Hb. 127
Fieldi Ersch. 127
Incarnatus Frr. 127
Nubiger HS. 127
Peltiger Schiff. 127, 153
Scutosus Schiff. 153
Hepialus F.
Gallicus Ld. 91

Pl. I

1 et 2 *Thestor Romanovi Chr.* 3 *P. Alciphron, var. Melibaeus Staudg.*

4 *Polyommatus Satraps, Stgr.* 5 ♂ et 6 ♀ *M. Larissa, var. Astanda Stgr.*

7 *Pararge Maera, var. Adrastoides Bienert.*

Pl. II

1 et 2 *Satyrus Pelopea var. Schahrudensis Stgr.*

3 et 4 *S. Pelopea var. persica Stgr.* — 5 et 6 *S. alpina Stgr.*

1 ♂ et 2 ♀ 3 ♂ *Satyrus Mamarra var. Schakuhensis Staudg.* — 4 ♂ et 5 ♀ *S. Parisatis Koll.*

6 ♂ et 7 ♀ *Coenonympha Saadi* — 8 ♂ et 9 ♀ *C. Symphita Led.*

1 *Deilephila Porcellus var Suellus Stgr* — 2 ♂ et 3 ♀ *Sesia Empiformis var Schizoceriformis Kol.*

4 *Zygaena Erebus Stgr* — 5 *Z armena ab. flava* — 6 *Z Cuvieri B*

7 *Syntomis caspica Stgr.* — 8 *Setina irrorella var flavicans B*

9 *Arctia villica var confluens* — 10 *Hepialus Mlokossewitschi Rom*

Humuli L. 90
Lactus Stgr. 90
Mlokossevitschi Rom. . . . 91
Sylvinus L. 90
Unicolor Stgr. 91
Heptamochondra Stgr.
Syrticola Stgr. 152
Hesperia B
Ahriman Chr. 106
Alcides HS. 68
Comma L. 68
Lineola O. 68
Sylvanus Esp. 68
Thaumas Hufn. 67, 106
Holcocerus Stgr. nov. gen. 139
Hylophila Hb.
Bicolorana Füssl. 83
Prasinana L. 83
Hypena Tr.
Ravalis HS. 153
Ravulalis Stgr. 138
Hypopta Hb.
Mucosus Chr. 111
Ino Leach.
Ampelophaga Bayle. 77
Chloros Hb. 77
Globulariae Hb. 78
Heydenreichii Ld. 78
Mannii Ld. 78
Pruni Schiff. 77
Sepium B. 77
Tenuicornis Z. 78
Volgensis Möschl. 78
Lasiocampa Latr.
Sordida Ersch. 115
Leucania O.
L. album L. 123, 152
Vitellina Hb. 123
Zeae Dup. 152
Leucanitis Gn. 137
Cailino Lef. 137
Flexuosa Mén. 137, 153
Nana Stgr. 147, 153
Panaccorum Mén. 137
Picta Chr. 137, 153
Sesquistria Ev. 153
Sinuosa Stgr. 146, 153
Leucophasia Stph.
Aestiva Stgr. 46
Diniensis B. 45
Duponcheli Stgr. 46
Erysimi Bkh. 45
Lathyri Hb. 45
Sinapis L. 45
Libythea F. Latr.
Celtis Esp. 54
Limenitis F.
Camilla Schiff. 55, 104
Sibylla L. 55
Lithosia F.
Complana L. 84
Deplana Esp. 84
Lurideola Zinck. 84
Lutarella L. 84
Muscerda Hufn. 84
Palleola Hb. 84
Pallifrons Z. 85
Sororcula Hufn. 85
Unita Hb. 84
Vitellina Tr. 84
Lycaena F.
Actis HS. 53
Aegon Schn. 51
Aestiva Stgr. 52
Alcon F. 54
Allous Hb. 52
Amanda Schn. 52, 103
Anteros Frr. 52
Arcas Rott. 54
Argiades Pall. 51
Argiolus L. 53
Argus L. 51
Arion L. 54
Armena Stgr. 52
Astrarche Bgstr. 52, 103
Balkanica Frr. 51
Baton Bgstr. 51, 103
Bellargus Rott. 52
Bellis Frr. 53
Boetica L. 50, 102
Caucasica Ld. 52
Christophi Stgr. 102, 152

Coelestina Ev. 53
Cyanecula Ev. 54
Cyllarus Rott. 54
Damocles HS. 53
Damon Schiff. 53
Damone Ev. 53
Dardanus Frr. 51
Eumedon Esp. 52
Eurypylus Frr. 51, 103
Glaucias Ld. 103
Icarinus Scriba. 52
Icarus Rott. 52, 152
Iolas O. 103
Iphigenia HS. 53
Kindermanni Ld. 53, 103
Loewii Z. **51**, 102
Minima Füssl. 53
Miris Stgr. 103
Panagaea HS. 51, 103
Persica Bien. 103
Polysperchon Berg. 51
Ripartii Frr. 53
Sebrus B. 53
Semiargus Rott. 53
Steveni Tr. 52
Torgouta Alph. 102
Trochilus Frr. 51, 102
Zephyrinus Stgr. 102
Zephyrus Friv. 51

Macroglossa O.
Bombyliformis O. 73
Croatica Esp. 72
Fuciformis L. 73
Stellatarum L. 72

Mamestra Tr.
Albipicta Chr. 119
Irrisor Ersch. 152
Sabulorum Alph. 119
Trifolii Rott. 152

Melanargia Meig.
Astanda Nordm. 59
Caucasica Nordm 59, 104
Galathea L. 59
Hylata Mén. 59
Leucomelas Esp. 59
Procida Hbst. 59
Teneates Mén. 59

Melitaea F.
Athalia Rott. 57
Caucasica Stgr. 57
Cinxia L. 56, 171
Dalmatina Stgr. **57**, 104
Dictynna Esp. 57
Didyma O. 57
Persea Koll. **57**, 104
Phoebe Knoch. 56, 104
Trivia Schiff. 56

Metoponia Dup.
Ochracea Ersch. **136**, 153
Subflava Ersch. 136, 153

Naclia B.
Famula Frr 82
Hyalina Frr. 82
Punctata F. 82

Nemeophila Stph.
Caucasica Mén. 86
Russula L 86

Neptis F.
Ludmilla HS. 55

Nisoniades Hb.
Marloyi B. 67, 106
Tages L. 67

Nola Leach.
Centonalis Hb 83
Cristatula Hb. 83
Cucullatella L. 83
Strigula Schiff. 83

Nudaria Stph.
Cinerascens HS. 83

Ocnogyna Ld.
Armena (?) Stgr. 88
Pallidior Chr. 109

Paida HS.
Obtusa HS. 83

Palpangula Stgr.
Cestina Stgr. 149, 153
Dentistrigata Stgr. . . . 137, 153
Fractistrigata Alph. . . . 153
Henkei Stgr. 150, 153
Spilota Ersch. 150, 153

Papilio L.
Machaon L. 43, 98

Orientalis Rom. 41
Podalirius L. 41
Paranthrene Hb.
Brosiformis Hb. 77
Pararge Hb.
Adrasta Dup. 64
Adrastoides Bien. 64
Clymene Esp. 63
Egerides Stgr. 64
Macra L. 64
Megaera L. 64, 105
Menava Moore. 64, 105
Parnassius Latr.
Apollo L. 43
Hesebolus Nordm. 43
Mnemosyne L. 43
Nordmanni Nordm. 43
Nubilosus Chr. 44
Pericyma HS.
Albidentaria HS. . . . 136, 153
Terrigena Chr. 153
Photedes Ld.
Erschoffi Chr. 133
Kisilkumensis Ersch. . . . 132
Limata Chr. 135
Secunda Ersch. 133, 153
Phragmatoecia Newm.
Albida Ersch. 115
Castaneae Hb. 115
Territa Stgr. 152
Pieris Schrk.
Bellidice O. 44
Brassicae L. 44, 98
Bryoniae O. 44
Chloridice Hb. 44
Chrysidice HS. 44
Daplidice L. 44, 98
Krueperi Stgr. 44
Napaeae Esp. 44
Napi L. 44
Rapae L. 44, 98
Raphani Esp. 99
Plusia O.
Ni Hb. 127, 153
Polyommatus Latr.
Candens HS. 50
Dorilis Hufn. 50
Eleus F. 50
Melibaeus Stgr. 50
Miegii Vogel. 49
Ochimus HS. 49
Phlaeas L. 50, 102
Phoenicurus Ld. 101
Rutilus Wernb. 50
Satraps Stgr. 50
Thersamon Esp. 49, 101
Thetis Klug. 49
Virgaureae L. 49
Pseudophia Gn.
Illunaris Hb. var. 153
Psyche Schrk.
Quadrangularis Chr. . . . 115
Pterogon B.
Gorgoniades Hb. 72
Proserpina Pall. 72
Rhodocera B.
Farinosa Z. 47
Rhamni L. 47, 101
Sarrothripa Gn.
Dilutana Hb. 82
Satyrus F. B.
Alpina Stgr. 62
Amasina Stgr. 63, 105
Analoga Alph. 105
Anthe O. 61
Arethusa Esp. 63
Beroë Frr. 63
Bischoffii HS. 61
Briseis L. 61
Caucasica Ld. 62
Circe F. 61
Dryas Scop. 63
Enervata Alph. 105, 152
Geyeri HS. 63
Guriensis Stgr. 62
Hanifa Nordm. 61
Hermione L. 61
Mamurra HS. 62
Parisatis Koll. 63, 105
Persica Stgr. 62, 105
Pirata Esp. 61
Schakuhensis Stgr. 62

Semele L. 61, 105
Shahrudensis Stgr. 62
Statilinus Hufn. 63
Telephassa Hb. 61, 105

Sciapteron Stgr.
Fervidum Ld. 73
Stiziforme HS. 73
Tabaniforme Rott. 73

Scotochrosta Ld.
Distincta Chr. 124
Fissilis Chr. 125

Sesamia Gn.
Cretica Ld. 123

Sesia F.
Affinis. 76
Anthraciformis Rbr. . . . 76
Astatiformis HS. 76
Bibioniformis Esp. 76
Cephiformis O. 74
Chalcidiformis Hb. 76
Conopiformis Esp. 74
Dioctriiformis Rom. 74
Elampiformis HS. 76
Formicaeformis Esp. . . . 74
Guriensis Emich. 76
Loewii minor Stgr. 75
Masariformis O. 75
Minianiformis Frr. 76
Muscaeformis View. 76
Myopaeformis Bkh. 74
Oxybeliformis HS. 76
Parthica Ld. 75
Schizoceriformis Kol. . . . 76
Stelidiformis Frr. 76
Stomoxyformis Hb. 74
Triannuliformis Frr. . . . 76
Zimmermanni Ld. 108

Setina Schrk.
Alpestris Z. 84
Flavicans B. 84
Irrorella Cl. 84
Mesomella L. 84
Roscida Esp. 84

Siona Dup.
Excelsata Chr. 154

Smerinthus O.
Kindermanni Ld. 72
Ocellata L. 72
Populi L. 72
Quercus Schiff. 71
Tiliae L. 71

Sphinx O.
Convolvuli L. 69
Ligustri L. 69
Pinastri L. 69

Spilosoma Stph.
Fervida Stgr. 89
Fuliginosa L. 89, 152
Luctifera Esp. 89
Mendica Cl. 89
Menthastri Esp. 89
Placida Friv. 89
Urticae Esp. 89

Spilothyrus Dup.
Alceae Esp. 66
Altheae Hb. 66
Australis Z. 66
Baeticus Rbr. 66, 106
Lavaterae Esp. 66

Spintherops B.
Cataphanes Hb. 137
Dilucida Hb. 137
Gracilis Stgr. 138
Spectrum Esp. 137

Syntomis Ill.
Caspica Stgr. 82
Cloelia Esp. 81
Phegea L. 81

Syrichthus B.
Alveus (?) Hb. 67
Carthami Hb. 67
Cynarae Rbr. 66
Malvae L. 67
Onopordi Rbr. 67
Orbifer Hb. 67
Phlomidis HS. 67
Proto Esp. 66
Serratulae Rbr. 67, 106
Sidae Esp. 66, 106
Staudingeri Spr. 106
Tessellum Hb. 66

Tegostoma Z.

Comparalis Hb. 154

Thais F.

Caucasica Ld. 43

Thaleropis Stgr.

Jonia Ev. 56

Thalpochares Ld.

Aestivalis Gn. 129

Carthami HS. 129

Chlorotica Ld. 129

Debilis Chr. 129

Griseola Ersch. 132

Munda Chr. 131

Parva Hb. 132

Polygramma Dup. 129

Thecla F.

Acaciae F. 48

Betulae L. 47

Ilicis Esp. 48

Ledereri B. 48

Lunulata Ersch. 48, 101

Melantho Klug. 47

Quercus L. 48

Rubi L. 48

W. album Knoch. 48

Thestor Hb.

Callimachus Ev. 49

Nogelli HS 48

Romanovi Chr. 48

Thyris Ill.

Fenestrella Scop. 77

Timandra Dup.

Amata L. 153

Triphysa Z.

Phryne Pall. 65, 172

Trochilium Sc.

Apiforme Cl. 73

Ulochlaena Ld.

Hirta Hb. 152

Vanessa F.

Antiopa L. 56

Atalanta L. 56

C. album L. 55

Cardui L. 56, 104

Egea Cr. 55, 104

Jo L. 56

L. album Esp. 55

Levana L. 55

Polychloros L. 55

Turcica Stgr. 56

Urticae L. 56

Xanthomelas Esp. 55

Zegris Rbr.

Fausti Chr. 101

Menestho Mén. 45

Tschudica HS. 173

Zygaena F.

Achilleae Esp. 80

Armena Ev. 79

Bellis Hb. 80

Bitorquata Mén. 80

Brizae Esp. 78

Carniolica Sc. 81

Cuvieri B. 80

Cytisi Hb. 80

Diniensis HS. 81

Dorycnii O. 80

Dystrepta F. d. W. 79

Erebus Stgr. 78

Filipendulae L. 80

Flava Rom. 79

Fraxini Mén. 81

Haberhaueri Ld. 81

Hedysari Hb. 81

Laeta Hb. 81

Lonicerae Esp. 80

Manlia Ld 81

Meliloti Esp. 80

Nubigena Ld. 78

Olivieri B. 81

Orobi Hb. 80

Pilosellae Esp. 78

Polygalae Esp. 78

Rosacea Rom. 79

Scabiosae Scheven. 78

Scovitzii Mén. 81

Sedi F. 172

Smirnovi Chr. 108

Stentzii Frr. 80

Stoechadis Bkh. 80

Trifolii Esp. 80

Viciae Hb. 80

Pl. V.

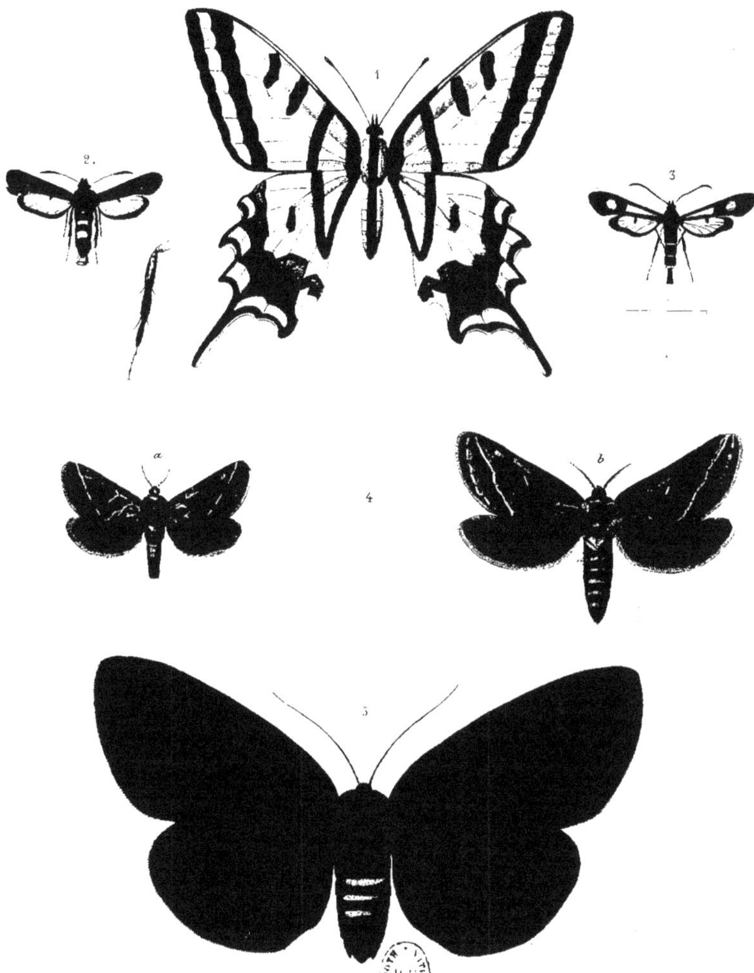

1. *Papilio Alexanor var. orientalis Romanoff.* — 2. *Sciapteron Fervidum Ld. var.*
3. *Sesia Doctriaeformis Romanoff.* — 4. a b *Hepialus Laetus* ♂ ♀ *Stdgr.*
5. *Axiopoena Maura Eichw.*

Castil... Lith.

Tf VI

1 a. b. *Anthocharis Tomyris* ♂♀ *Chr.* 2 a. b. *Lycaena Christophi* ♂♀ *Stdgr.*
3 a. b. *Lycaena Zephyrinus* ♂♀ *Stdgr.* 4 *Lycaena Miris* ♂ *Stdgr.*
5 a. b. *Hesperia Ahriman* ♂♀ *Chr.* 6 a. b. *Zygaena Smirnovi* ♂♀ *Chr.*
7 *Syrichtus Staudingeri* ♂ *Spr.*

Pl. VII.

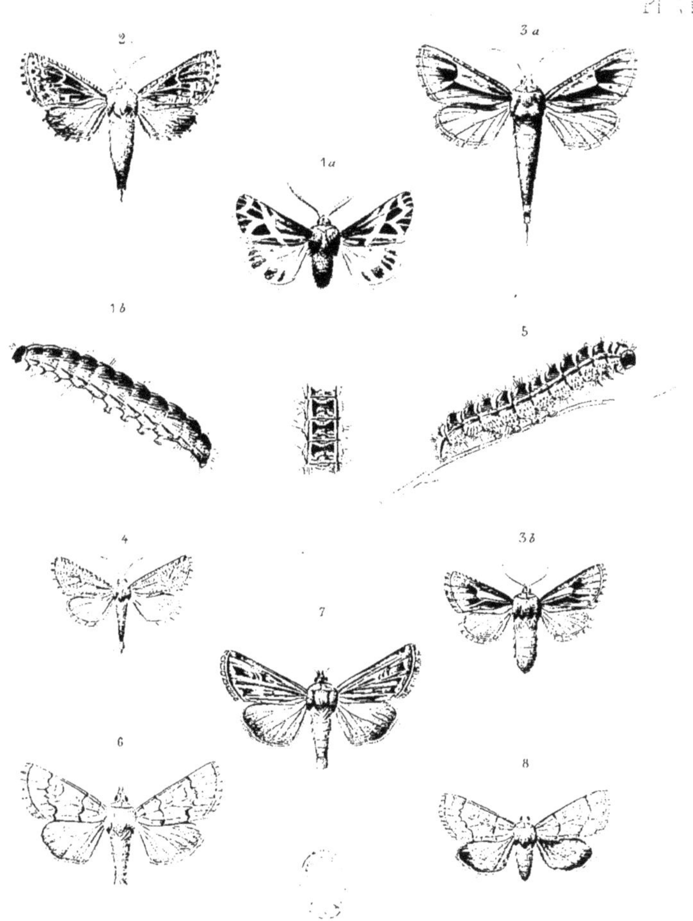

1 a b *Ocnogyna Loewii var pallidior ♂ et eruca, Chr.* 2 *Hypopta Mucosus ♀ Chr.*
3 a b *Endagria Agilis ♂ ♀. Chr.* 4 *Endagria Qalrata ♀. Chr.*
5 *Eruca Chondrostege Pastrana Led* — 6. *Agrotis Devota ♂. Chr.*
7 *Agrotis Spinifera ♂. Stdgr.* — 8 *Agrotis Contrix ♀. Chr.*

Castelli sculp.

T. VIII.

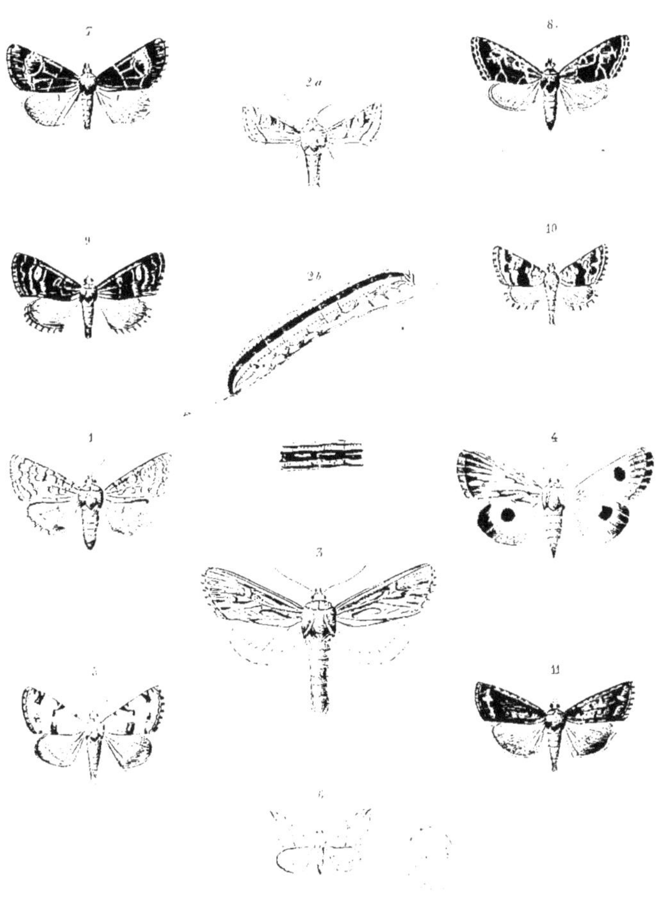

1. *Mamestra Albipicta* ♀ Chr. 2. a. b. *Episema Anterici* ♂ et eruca. Chr.
3. *Scotochrosta Distincta* ♂ Chr. 4. *Polpanuda (Colopharia) Christophi* ♀ Ersch.
5. *Acontia Eulandti* ♂ Chr. 6. *Tholpacharis Munda* ♀ Chr.
7. *Photedes Limata* ♂ Chr. 8. *Photedes Sieboldi* ♀ Chr.
9. *Photedes Kisilkumensis* ♂ Ersch. 10. *Photedes Secunda* ♂ Ersch.
11. *Spintherops Gracilis* ♀ Stgr.

Pl. IX

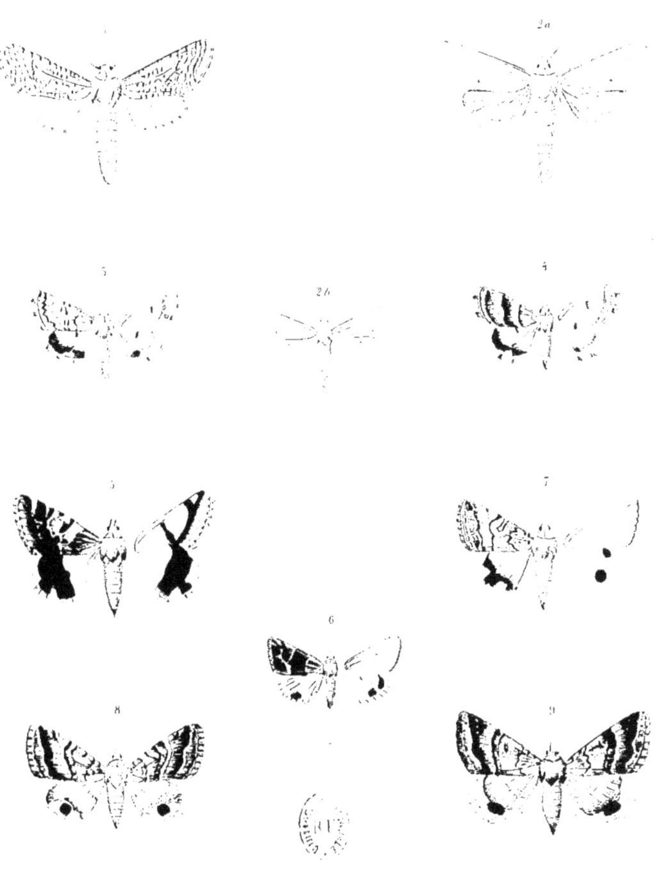

1 *Cossus Nobilis Stdgr.* — 2 a b *Cossus Holosericeus* ♂ *Stdgr.*
3 *Acontia Dentata Stdgr.* — 4 *Acontia Clio Stdgr.*
5 *Leucanitis Sinuosa Stdgr.* — 6 *Leucanitis Nana Stdgr.*
7 *Palpangula Cestina Stdgr.* — 8 *Palpangula Spilota Ersch.*
9 *Palpangula Henkei Stdgr.*

Pl. X.

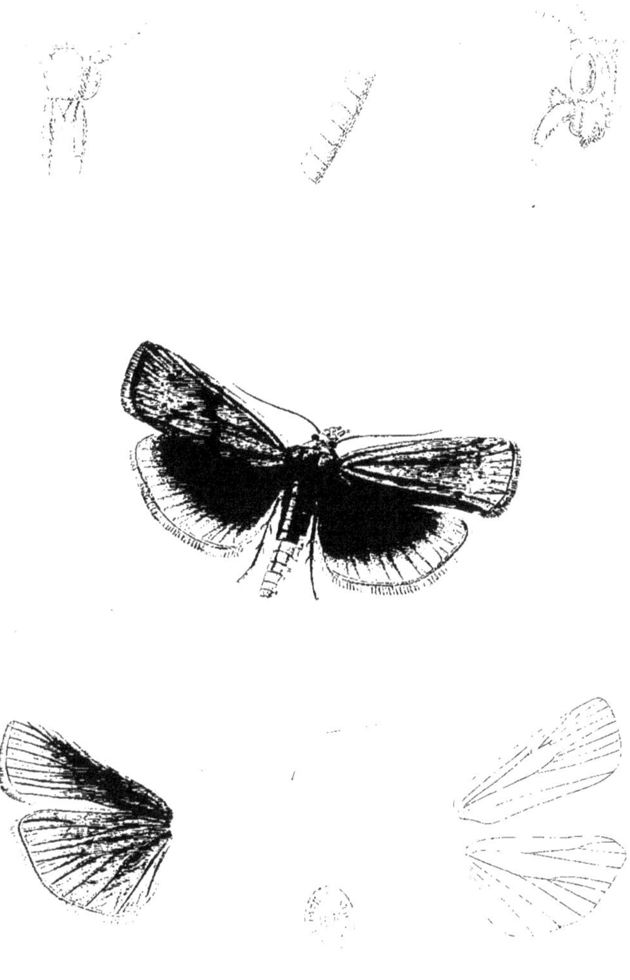

Amphibolia pyraustoides Ersch.

Brandt pinx.

www.ingramcontent.com/pod-product-compliance
Ingram Content Group UK Ltd.
Pitfield, Milton Keynes, MK11 3LW, UK
UKHW020453200726
13857UKWH00002B/690

9 782011 931092